高技能人才培养创新示范教材

Gongcheng Jixie Yeya Chuandong

工程机械液压传动

主　编　罗亚利　龚明华
副主编　钱星宇　蒋慧杰
主　审　严成文

人民交通出版社股份有限公司
China Communications Press Co.,Ltd.

内 容 提 要

本书是高技能人才培养创新示范教材，主要内容包括液压传动基本认知，工作介质基本认知，外啮合齿轮泵的构造与拆装，叶片泵的构造与拆装，柱塞泵的构造与拆装，执行元件构造、原理与拆装，方向控制阀的构造、原理与图形符号，压力控制阀构造、原理与图形符号，流量控制阀构造、原理与图形符号，辅助元件基本认知和液压基本回路的认知与搭建。

本书可作为中职院校工程机械类相关专业课程的教材，也可作为工程机械类高技能人才的培训用书，还可供相关技术与管理人员参考使用。

图书在版编目(CIP)数据

工程机械液压传动／罗亚利，龚明华主编. —北京：人民交通出版社股份有限公司，2015. 11

高技能人才培养创新示范教材

ISBN 978-7-114-12534-8

Ⅰ. ①工… Ⅱ. ①罗… ②龚… Ⅲ. ①工程机械—液压传动—教材 Ⅳ. ①TH137

中国版本图书馆 CIP 数据核字(2015)第 243268 号

书　　名：工程机械液压传动
著 作 者：罗亚利　龚明华
责任编辑：戴慧莉
出版发行：人民交通出版社股份有限公司
地　　址：(100011)北京市朝阳区安定门外外馆斜街 3 号
网　　址：http://www.ccpress.com.cn
销售电话：(010)59757973
总 经 销：人民交通出版社股份有限公司发行部
经　　销：各地新华书店
印　　刷：北京市密东印刷有限公司
开　　本：787 × 1092　1/16
印　　张：11
字　　数：275 千
版　　次：2015 年 11 月　第 1 版
印　　次：2015 年 11 月　第 1 次印刷
书　　号：ISBN 978-7-114-12534-8
定　　价：26.00 元

前言
Preface

为贯彻落实《国家中长期教育改革和发展规划纲要(2010—2020年)》精神,按照《国家高技能人才振兴计划》的要求,深化职业教育教学改革,积极推进课程改革和教材建设,满足职业教育发展的新需求,着重高技能人才的培养,依据公路工程机械运用与维修、工程机械技术服务与营销和工程机械施工与管理三大专业的教学计划和课程标准,我们组织行业专家及各校一线教师编写了这套补充教材。

本套教材适用于公路工程机械类专业高级工和技师层次全日制学生培养及社会在职人员培训,具有以下特点:

(1)本套教材开发基于实际工作岗位,通过提炼典型工作任务,形成专业课程框架、教学计划及课程标准,切合职业教育教学的特点,符合培养技能型人才成长的规律。

(2)本套教材在编写模式上部分实践性较强的课程采用了任务引领型模式进行编写,有利于任务驱动式教学方法的使用,便于培养学生自我学习、搜集信息、解决问题等方面的核心能力。

(3)本套教材在内容选取方面多数课程打破了传统教材学科知识体系的结构,但也考虑了知识和技能的连贯性和整体性,同时也保持了知识和技能选取的先进性、科学性和实用性。

《工程机械液压传动》是工程机械运用与维修和工程机械施工与管理专业的核心必修课程,也可作为公路工程机械技术服务与营销的拓展课程。本书着重针对工程机械液压元件拆装等实际工作的要求,设置了11个教学项目,共30个学习任务。编写采用理实一体化的教学模式,在一体化教室中实施。任务的编排按照先进行拆装、再掌握原理的方式,由浅入深,符合学生的认知规律。通过学习和实践,使学生能够独立进行基本液压元件的拆装,掌握基本元件的结构、原理及符号,并能搭建基本的液压回路,整个教学内容有较强的针对性和实用性。

本书由浙江公路技师学院罗亚利、龚明华担任主编,钱星宇、蒋慧杰担任副主编,严成文担任主审。具体编写情况如下:项目一、项目三、项目四、项目七、项目十由罗亚利编写,项目二、项目五、项目八、项目九由龚明华编写,项目六由蒋慧杰编写,项目十一由钱星宇编写。在编写过程中得到了杭州小松工程机械有限公司、杭州卡特皮勒工程机械有限公司等一线专家的支持与帮助,在此表示感谢。

由于编审人员的业务水平和教学经验有限,书中难免有不妥之处,恳切希望使用本书的师生和读者批评指正。

编　者

2015 年 4 月

目 录
Contents

项目一　液压传动基本认知

学习任务1　液压基本型透明试验台的动作演示与分析

知识目标

1. 理解液压传动在机械整个动力传递过程中的地位和作用；
2. 理解液压传动的工作原理。

技能目标

1. 会起动和操作基本型透明试验台；
2. 能够掌握基本型液压试验台的油路连接关系。

建议课时

2 课时。

任务描述

小明和斌斌第一次来到液压实训室，东看看西瞧瞧，感到一切都很新奇。他们看到了一台标示着液压基本型透明试验台的设备，就想动手操作一下。老师告诉他们，今天的学习任务就是学会操作和分析这台透明型试验台。

一　理论知识准备

1 传动的主要形式

传动机构是机械的一个重要组成部分，它的作用是将内燃机、电动机的动力传递给工作装置，实现机械的功能。传动形式有很多种，常见的有四种：机械传动、电力传动、气压传动、液压传动。

1）机械传动

机械传动是指利用机械方式传递动力和运动的传动。分为两类：一是靠机件间的摩擦力传递动力的摩擦传动，如带传动、摩擦轮传动、螺旋传动；二是靠主动件与从动件啮合传递动力或运动的啮合传动，如齿轮传动、链传动等。

2）电力传动

电力传动是使用伺服电动机作为动力源，由滚珠丝杠和同步带等组成结构简单而效率很高的传动机构。具有控制精确度高、节省能源、噪声小、成本低、能实现精密控制等特点。

3）气压传动

气压传动是以气体作为工作介质进行能量传递和控制的一种传动方式。气压传动以空气作为工作介质，不会污染环境，易于维护，可实现自动过载保护，且在易燃、易爆、多尘埃、辐射、强磁、振动、冲击等恶劣环境中，气压传动仍然是安全可靠的，环境适应性很好。

4）液压传动

液压传动是以液体为工作介质，利用液体的压力能进行能量传递的传动方式。所谓压力能，是指液体能流动并具有一定的压力，能对外做功。液压传动是现代传动与控制的先进技术之一，在工程机械、建筑机械、机床、汽车制造、冶金矿山等工业领域，得到了非常广泛的应用与普及。

❷ 液压传动的工作原理

液压传动是以液体为工作介质，利用静压传递原理来工作的。其传动原理可以用液压千斤顶来说明。液压千斤顶外观如图 1-1 所示，液压千斤顶工作原理如图 1-2 所示。

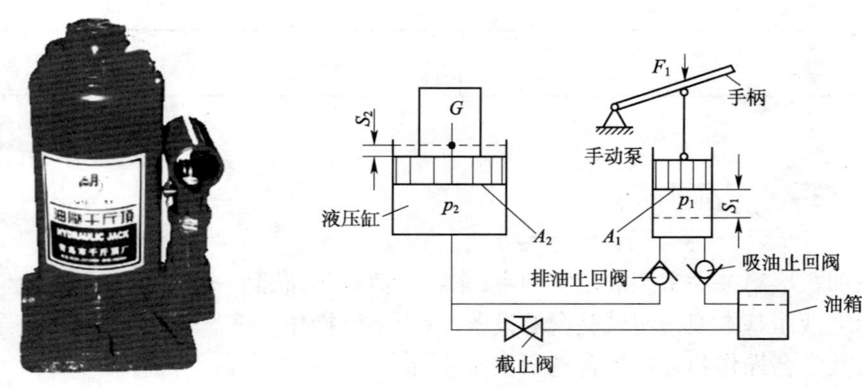

图 1-1 液压千斤顶外观图　　图 1-2 液压千斤顶工作原理图

液压千斤顶的工作过程：当手柄带动小活塞向上运动时，小油缸与小活塞形成的容积增大形成局部真空，排油止回阀关闭，油箱中的油液在大气压力的作用下，顶开吸油止回阀，进入小油缸中，这是吸油的过程。当手柄往下压时，吸油止回阀关闭，小油缸中的油液在压力的作用下顶开排油止回阀，进入大油缸中，这是排油过程。当操作手柄上下往复运动时,千斤顶顶起的负载就不断上升。当需要大油缸的活塞停止时,使手柄停止运动,此时,排油止回阀在液压力作用下关闭,大油缸的活塞就锁定不动,截止阀关闭,当大油缸的重物需要放下时,打开截止阀,油液在重力的作用下经过截止阀流回油箱。

从我们操纵液压千斤顶的经验可以知道:

(1)如果液压千斤顶没有顶起重物时,手柄向下压的力就很小,压起来很省力,如果千斤顶在顶重物时,手柄向下压的力就很大,压起来就很费力,而且重物越重,压起来越费力,这也就是说,手柄需要施加多大的力是取决于要顶起多重的重物的。手柄施加的力越大,油缸内的油液压力也就越大,这也就是说,油缸内油液压力的大小取决于外负载。

(2)如果手柄摇得比较快,单位时间内进入大油缸的油液量就大,重物上升的速度就快。

因此,对于液压传动来说,必须明确以下三点:第一,以液体为工作介质;第二,必须在密闭容腔中进行;第三,液压传动的两个基本特性:压力取决于负载;速度取决于流量。

二　任务实施

1　准备工作

(1)准备好液压基本型透明试验台,确认设备油路、电路正常。

(2)准备好挖掘机、装载机模型。

(3)分好小组,准备好小组学习工作页。

2　技术要求与注意事项

(1)起动前,应进行充分的检查。首先检查试验台油路、电路是否牢靠,有无破损与断裂,是否有漏油;检查油箱的液位计,判断油箱中油量是否正常;检查电动机与液压泵的连接是否正常,有无异常等。

(2)插上电源,确定线路油路正常后,按控制台绿色按钮,看到红色灯亮,听到电动机正常运转后松开,让试验台空转起动一会儿。

(3)扳动控制台上最右侧黑色开关,黑色开关往左扳动,三位四通电磁换向阀阀芯往左移动,可以看到阀芯内红色油液有经油路通道进入双杆缸的右腔,活塞杆被推向左侧,向左移动;黑色开关扳回中位,三位四通阀阀芯回复中位,活塞杆不动;再将黑色开关扳向右位,三位四通电磁换向阀阀芯往右移动,油液经油路通道进入液压缸左腔,活塞杆向右移动;开关再扳回中位,电磁阀阀芯复位,活塞杆不动。

(4)工作完毕,按控制台绿色按钮,关掉电动机,液压试验台停止运转。

(5)试验台起动过程中,注意观察油路流向、阀芯移动方向以及活塞杆移动方向,并思考油路间的连接关系。

3　操作步骤

(1)操作透明试验台。教师按照操作要求示范透明试验台的操作,并详细讲解操作要求。学生观察老师的操作过程并记录操作过程。

(2)掌握试验台各部件的名称。液压基本型透明试验台是专门用来演示液压传动基本原理的液压教学设备,它由电动机、控制台、基本型液压传动系统等硬件部分组成,如图1-3所示。

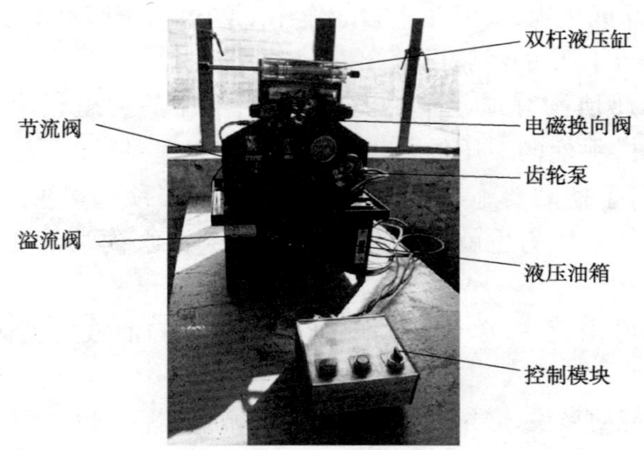

图1-3 液压基本型透明试验台基本结构

(3)摸索部件间的油路连接关系。

(4)再次起动并操作透明试验台,使液压缸出现既定的动作,分析油路的流动方向以及油路的油压高低,画出油路连接草图。

三 学习扩展

1 液压技术的发展历史

液压技术的发展已经成为一个国家工业化水平高低的重要标志,了解液压技术的发展历史对于理解液压传动有促进作用。

17世纪,帕斯卡提出静压传递原理,也就是著名的帕斯卡定律,奠定了液压传动技术的理论基础。18世纪末,英国研制出世界上第一台水压机;19世纪末德国制造出了液压龙门刨床,美国制造了液压六角车床和磨床。第二次世界大战期间,军事上的需要极大地刺激了液压传动技术的发展,使得液压技术在飞机、大炮、坦克和舰艇等军用装备上得到了广泛的应用;第二次世界大战后,液压技术迅速在民用领域得到大发展,世界上几乎所有的机械装备都能看到液压传动的影子。现在,液压传动技术与电子控制技术、计算机控制技术已经高度融合,使得液压控制技术的现代化程度越来越高。

2 液压传动技术的应用

液压技术广泛应用于工程机械的工作装置控制系统中(图1-4),如推土机铲刀升降系统、装载机大臂升降系统、挖掘机的大臂、斗杆、铲斗系统等。

液压技术也应用在转向系统、行走系统和制动系统。随着微电子技术、计算机技术以及传感器技术的发展,液压传动与这些新兴先进技术的结合,形成了机电液一体化的技术。这些技术广泛应用于工程机械中,大大改善了机械的能耗和操纵性能。例如,全液压挖掘机的主泵系统,通过对压力和流量的控制和补偿,实现挖掘机在复合动作时能够最大限度地利用发动机的功率。

a)挖掘机　　b)压路机

c)装载机　　d)摊铺机

图 1-4　液压技术在挖掘机、压路机、装载机、摊铺机上的应用

四 评价与反馈

❶ 自我评价

(1)通过本学习任务的学习你是否已经知道以下问题：

①动力传递的方式有哪些？______________________________。

②什么是液压传动？______________________________。

③液压传动满足的条件有哪些？______________________________。

(2)液压基本型透明试验台操作过程中用到了哪些设备？

______________________________。

(3)实训过程完成情况如何？

______________________________。

(4)通过本学习任务的学习，你认为自己的知识和技能还有哪些欠缺？

______________________________。

签名：____________　　________年____月____日

❷ 小组评价(表 1-1)

小组评价表　　表 1-1

序号	评价项目	评价情况
1	着装是否符合要求	
2	是否能合理规范地使用仪器和设备	
3	是否按照安全和规范的流程操作	

续上表

序号	评 价 项 目	评 价 情 况
4	是否遵守学习、实训场地的规章制度	
5	是否能保持学习、实训场地整洁	
6	团结协作情况	

参与评价的同学签名:____________________ ________年____月____日

3 教师评价

____

____。

教师签名:____________ ________年____月____日

五 技能考核标准

根据学生完成实训任务的情况对学习效果进行评价。技能考核标准见表1-2。

技能考核标准表　　表1-2

序号	项目	操作内容	规定分	评分标准	得分
1	液压基本型透明试验台的操作与分析	记录教师演示的试验台操作过程	10分	完整记录无误得10分; 少记录一个点扣2分,直至扣完为止	
2		操作试验台	30分	正确按照操作规程操作,出现三个完整动作,得30分; 出现安全性失误的不得分,重新考核; 其他情况酌情给分	
3		指认试验台各部件的名称	20分	准确地指认每一个部件的名称,无遗漏,无错误得20分; 每指认错一个扣2分,直至扣完为止	
4		分析试验台各部件的油路连接关系	20分	动手摸索了每根油管的前后连接管路得10分; 正确描述了管路的关系得10分; 未动手者不得分;油路连接关系每错一处,扣2分	
5		画出了基本型试验台的实物油路连接关系的草图	20分	正确无误地用草图描述了实物油路的关系的,得20分; 草图每错一处,扣2分	
总分			100分		

学习任务2　绘制基本型液压试验台的液压系统图

知识目标

1. 了解常见液压元件的图形符号；
2. 掌握液压系统的五大基本组成；
3. 液压传动的优缺点。

技能目标

1. 能绘制元件间的油路连接关系图；
2. 建立实物与符号间的对应关系。

建议课时

4课时。

任务描述

小明和斌斌经过上一个任务的学习，会操作和分析基本型透明试验台，知道了试验台油路间连接关系，可是，该怎样把试验台的油路用简单明了的符号表现出来呢？老师告诉他们，这节课的任务就是绘制基本型液压试验台的液压系统图。

一　理论知识准备

常见的液压图形符号见表2-1。

常见基本液压图形符号　　　　表2-1

序号	实　　物	名　称	作　　用	图形符号
1		油箱	储存油液、散热、分离油中的杂质和空气	

续上表

序号	实　物	名　称	作　用	图形符号
2		滤油器	过滤混在油液中的各种杂质	
3		齿轮液压泵	把电动机的机械能转换成油液的压力能，为系统提供压力能，是液压系统的动力元件	
4		压力表	用于观测系统工作压力	
5		溢流阀	用于调定系统的压力，使系统压力在一个稳定值上，起到保护系统的作用	
6		普通节流阀	阀芯端加工有三角槽，通过转动手轮可使阀芯轴向位移，从而改变进出油口的通流面积，也就改变了通流量，从而达到控制速度的目的	
7		三位四通电磁换向阀	控制系统中液体流动的方向和通断	A B P T
8		双杆液压缸	将液体压力能转换为机械能输出的装置，使运动部件实现往复直线运动或摆动	

二 任务实施

❶ 准备工作

(1)准备好液压基本型透明试验台,确认设备油路、电路正常。

(2)准备好实物图片与液压图形符号的对应图。

(3)准备液压千斤顶实物。

(4)准备推土机铲刀升降系统图。

❷ 技术要求与注意事项

(1)摸索实物油路时按照油箱→泵→压力阀→流量阀→方向阀→液压缸的顺序整理整个试验台的油路。

(2)要确认学生绘制的实物草图是完全符合实际的油路连接关系的。

(3)学生绘制的试验台图形符号原理图是能够完整表现整个试验台油路关系的。

❸ 操作步骤

(1)摸索油路,整理部件间的关系。

按照油箱→泵→阀→油缸的顺序摸索油管,仔细确认每根油管的前后连接部件。

(2)分组讨论如何绘制油路实物草图。

对照实物油路,绘制实物油路连接草图,根据草图,再与试验台的实物油路对应,看是否完全对应。

(3)画出透明试验台的图形符号原理图。

按照给出的图形符号,对实物草图进行优化,将实物用其图形符号代替,形成图形符号原理图。指认原理图,将原理图上的符号与实物部件一一对应。

(4)分析绘制的试验台原理图,对各元件功能进行归类。

从部件在系统中所起的作用出发,将系统中的部件进行归类,通过引导,得出液压系统由五大部分组成。

(5)分析液压千斤顶的五大组成部分(图2-1)。

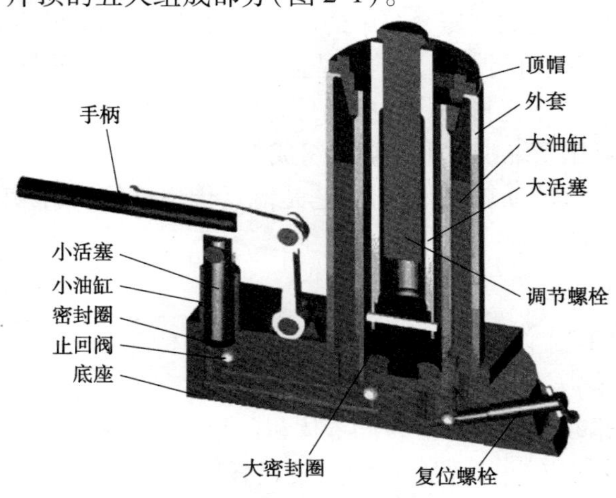

图2-1　液压千斤顶结构图

(6)分析推土机铲刀升降系统的组成部分(图2-2)。

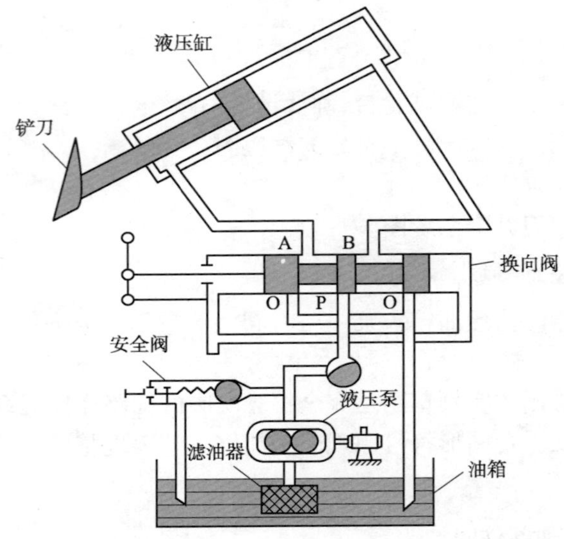

图2-2　推土机铲刀升降系统

三 学习扩展

1 液压传动系统的组成

一个完整的液压系统由以下5部分组成。

(1)动力元件。将原动机所提供的机械能转变为油液的液压能的装置,指的是液压泵,它是液压系统的动力源,为整个液压系统提供压力油。

(2)执行元件。将液压泵所提供的油液压力能转变成机械能的装置,通常指的是液压缸和液压马达,液压缸输出直线往复直线运动,液压马达输出连续旋转运动。其作用是在液压油的推动下输出力和速度。

(3)控制元件。用来控制液压系统中的压力、流量和方向的装置,通常指各种阀类元件,如溢流阀、节流阀和换向阀等。其作用是控制执行元件完成预期的工作运动。

(4)辅助元件。系统中起辅助作用的元件,如油箱、油管、密封元件、滤油器、蓄能器、冷却器等,它是整个液压系统中不可或缺的组成部分。

(5)工作介质。工作介质就是液压油,它是能量传递载体,其作用是实现运动和动力的传递。

2 液压传动的优点

液压传动之所以得到了广泛的应用,在于与其他的传动形式相比较,液压传动具有一些独特的优点。概括起来,有以下几个方面。

(1)单位质量输出功率比较大。在同等体积的情况下,液压传动输出的动力较大,在相同功率的情况下,液压传动所占的体积小,质量轻。

(2)液压传动能在很大范围内实现无级调速,且调速范围大,工作准确平稳。

(3)液压系统便于实现过载保护,使用安全可靠。

(4)液压系统操作省力,控制方便,易于实现自动化。

(5)液压元件可以实现自润滑,使用寿命长。

(6)液压元件已经实现了标准化、系列化和通用化,便于设计、制造、使用和维修。

❸ 液压传动的缺点

(1)液压传动系统效率较低。油液在管道中流动,会产生压力损失和泄漏损失,这就降低了液压传动的效率。

(2)液压油在温度变化的情况下,黏度变化较大,因此,整个液压系统对温度变化就比较敏感,不适宜在较高或较低的温度条件下工作。

(3)由于液体在管道流动中的泄漏以及液体有一定的可压缩性,因此液压传动无法保证严格的传动比,因而不适宜于高精度的定比传动。

(4)液压元件制造要求高,价格高,维修困难。

四 评价与反馈

❶ 自我评价

(1)通过本学习任务的学习你是否已经知道以下问题:

①液压系统由哪几部分组成? ______________________________。

②液压传动的特点是什么? ______________________________。

(2)在绘制液压基本型透明试验台的系统图中都用了哪些图形符号?

______________________________。

(3)实训过程完成情况如何?

______________________________。

(4)通过本学习任务的学习,你认为自己的知识和技能还有哪些欠缺?

______________________________。

签名:____________　　________年____月____日

❷ 小组评价(表2-2)

小组评价表　　表2-2

序号	评价项目	评价情况
1	着装是否符合要求	
2	是否能合理规范地使用仪器和设备	
3	是否按照安全和规范的流程操作	
4	是否遵守学习、实训场地的规章制度	
5	是否能保持学习、实训场地整洁	
6	团结协作情况	

参与评价的同学签名:____________　　________年____月____日

3 教师评价

____

____。

教师签名:____________ ________年____月____日

五 技能考核标准

根据学生完成实训任务的情况对学习效果进行评价。技能考核标准见表2-3。

技能考核标准表 表2-3

序号	项目	操作内容	规定分	评分标准	得分
1	绘制基本型透明试验台的系统图	指认出试验台各部件的名称	10分	能够准确指认出每个部件的名称得10分;部件名称不能准确指认出,每少指认一个扣2分	
2		能够准确绘制基本型透明试验台的油路连接草图	20分	所画草图能够完全准确表现油路连接关系,得20分;所画草图每有一处不符合实物油路连接关系扣3分	
3		绘制基本型透明试验台图形符号原理图	20分	图形符号原理图准确、无误,符合绘图规范得20分;每画错一个扣3分	
4		能够对基本型试验台的各部件功能进行归类	15分	准确地将试验台的各部件归入液压系统的五个组成部分得15分;有一项错误扣2分	
5		能将液压千斤顶的各部件归入液压传动系统的各组成部分	10分	准确地将液压千斤顶的各部件归入液压系统的五个组成部分得10分;每错一处,扣1分	
6		能够将推土机铲刀升降系统的各符号部件归入五大组成部分	10分	准确地将推土机的铲刀升降系统的各符号部件归入五大组成部分,每错一处扣1分	
7		能够简单陈述液压传动系统的特点	15分	准确陈述液压传动的优点和缺点得15分;每错一项扣1分	
总分			100分		

学习任务3　根据绘制的系统图搭建液压基本回路

知识目标

1. 理解系统参数:压力与流量;
2. 掌握液压系统的两个基本特性;
3. 了解压力的表示方法;
4. 掌握常见的故障现象。

技能目标

1. 能够识别液压试验台各个功能模块的作用;
2. 能够选择所需的液压元件;
3. 能够根据绘制的系统图在试验台上搭建液压系统回路;
4. 能够起动所搭建的回路,并描述油路的流向。

建议课时

2 课时。

任务描述

小明和斌斌不但会操作基本型透明试验台,还将基本型透明试验台的液压系统图绘制成功了,他们对学习很有兴趣也很有信心。这时老师说,还有一个任务需要大家完成,就是根据所画的系统图,在基本型试验台上搭建出系统图的实物油路。

一　理论知识准备

1 基本型试验台功能简介

YZ-01 基本型液压传动试验台是根据最新的液压传动课程教学大纲要求设计的试验台(图 3-1)。它采用先进的力士乐技术液压元件,加上独特的电气模块化控制单元,构成了插接方便、安全性能高、技术含量高的快速组合式液压传动教

图 3-1　基本型试验台外观

学试验台。该试验台覆盖了液压传动技术、传统继电器控制技术、PLC 自控技术、传感器应用技术等多项技术,是一个功能比较齐全的液压传动试验台。设备采用开放、灵活的设计思路,可达到培养提高学生动手能力、设计能力、综合运用能力以及创新能力。

❷ 液压系统中的压力

1)静压力

当液体相对静止时,液体单位面积上所受的法向力称为压力。压力就是指压强,通常用字母 p 表示。

$$p = F/A(\mathrm{N/m^2})$$

在 SI 制中压力的单位为 $\mathrm{N/m^2}$(牛/米^2)(Pa,帕斯卡),由于 Pa 的单位太小,工程上一般使用较大的单位 kPa(千帕)和 MPa(兆帕)。

$$1\mathrm{MPa} = 10^3\mathrm{kPa} = 10^6\mathrm{Pa}$$

在液压技术中,还经常会见到的压力单位有巴(bar)和千克力每平方厘米($\mathrm{kgf/cm^2}$),这些压力单位与兆帕之间的换算关系如下:

$$1\mathrm{bar} = 1.02\mathrm{kgf/cm^2} = 100\mathrm{kPa} = 0.1\mathrm{MPa}$$

2)静压力的特性

(1)静压力永远垂直于承压表面,其方向和该面的法线方向一致。

(2)静止液压内任意点所受到的各个方向上的静压力都相等。

3)压力的表示方法

液体中的压力有三种表示方法:绝对压力、相对压力(表压力)和真空度三种表示方法。地球上任何物体都受到大气压的作用,而且是自成平衡的,因此大多数压力仪表在大气压下指针并不动作,这时它所表示的压力值为零,因此,压力表测出的压力是高于大气压的那部分压力,而不是被测压力的绝对值。为了使得压力的测量更为实用和方便,测量压力有两种基准:一种是以绝对真空为基准零值时所测得的压力,称为绝对压力;一种是以大气压为基准测得高出大气压的那部分压力值,称为相对压力。当绝对压力小于大气压时,习惯上说出现真空,并称绝对压力小于大气压力的差值称为该点的真空度。

绝对压力、相对压力(表压力)、大气压力、真空度之间的关系可以归纳如下:

绝对压力 = 大气压力 + 相对压力

相对压力 = 绝对压力 - 大气压力

真空度 = 大气压力 - 绝对压力

图 3-2 所示为绝对压力、相对压力与真空度的关系图。

绝对压力都为正值,相对压力可以是正值也可以是负值,是正值称为表压力,是负值的,负值的绝对值称为真空度。

❸ 流量

单位时间内流体流过截面积为 A 的某一截面的体积,称为流量。用 q 表示,单位为 $\mathrm{m^3/s}$ 或 L/min,即

$$q = Av$$

由上式可以推出

$$v = q/A$$

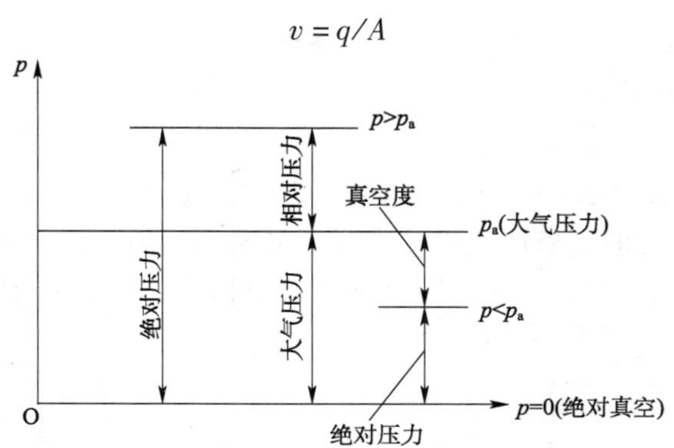

图 3-2　相对压力、绝对压力与真空度关系图

由此式可知，当液压缸的有效作用面积一定时，活塞运动速度 v 取决于输入液压缸的流量 q。这也印证了液压系统基本特性之一：速度取决于流量，与压力无关。

二　任务实施

1 准备工作

(1)检查液压基本型试验台，确认泵站、油路、电路正常。

(2)检查与试验台配套的各种液压元件、电线。

(3)准备油路连接图。

2 技术要求与注意事项

(1)油管连接能够完全实现整个液压系统图的工作过程。

(2)尽量用最少的油管和最少的电线实现技术要求。

(3)搭建完成后，起动试验台出现预期的动作。

3 操作步骤

(1)对照系统图，选取搭建油路所需的元件。识读画出的液压系统图，辨识每个元件的符号，根据符号在给定的元件中选择正确的液压元件。

(2)摸索并掌握试验台的构建及组成。了解试验台的组成部分，摸索试验台的油路，清楚试验台上“P”和“T”字母的含义，掌握搭建油路的小技巧。

(3)搭建液压回路。对照图样，再次确认所选的液压元件，将液压元件卡入试验台的卡槽中，在试验台上布置好，布置时注意能够方便油管连接。选取合适的油管，按照系统图的要求连接整个油路。油路连接好之后，要再将系统图的油路与实物油路进行对应，确保实物油路是能实现系统图的工作过程的。

(4)起动泵站，液压回路工作，描述油路工作过程。起动泵站，运转一会儿，看到压力表稳定后，操作控制阀，观察液压缸的动作。如果液压缸动作未出现，则油路或者电路就有问题，要进行重新检查和修正。

(5)测量系统压力和流量。如果搭建的油路工作正常，在油路中串接进压力表和流量计，观察条件变化的情况下压力和流量的变化，进而领会液压系统的两个基本特性。

三 学习扩展

1 液压系统图的识读

1)液压系统图的类型

液压系统图有两种方式,一种是结构示意图,如图3-3a)所示。其图形比较直观,易于理解,初学者容易接受,但是液压元件较多时不易绘制。另一种采用图形符号来绘制,如图3-3b)所示,是利用各种液压元件的图形符号绘制的图样,称为液压传动原理图。

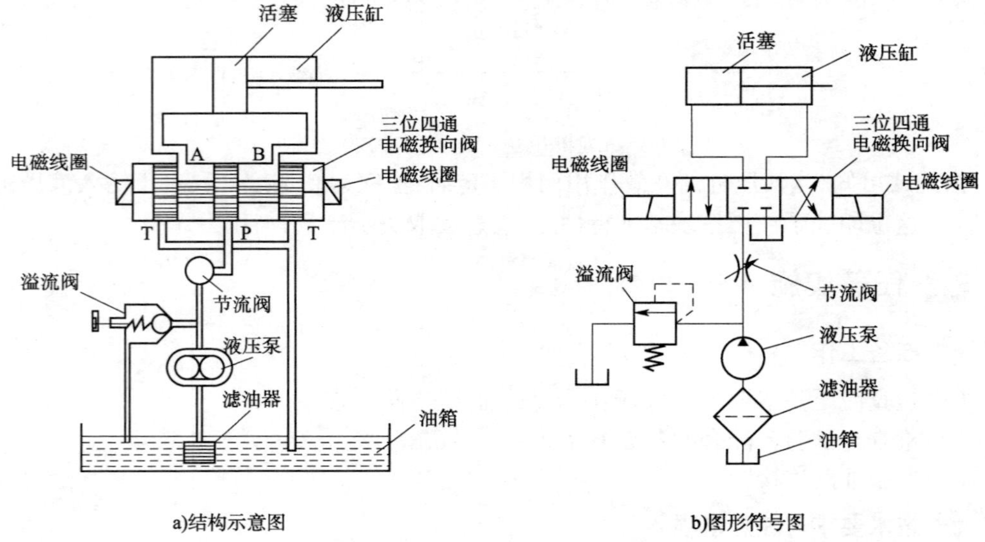

图3-3 液压基本型试验台工作原理图

2)识读液压图应注意的问题

(1)液压系统中的符号,只表示液压元件的职能,不能表示元件的具体结构和参数,也不能表示元件在机器中的实际位置。

(2)油路中的箭头表示油路可以接通,但箭头方向不一定表示油路的流动方向。

(3)油路系统中有各种工作状态,图形符号以元件静止位置或者中位位置表示,分析油路时,可先分析起始位油路,再分析其他位置的油路。

2 液压系统常见故障现象

1)液压冲击

液压系统中,由于阀门关闭过快或者突然换向引起液流速度和方向突然改变,从而引起油液压力在某一瞬间突然急剧上升而产生液压冲击。液压冲击的压力在瞬间高达正常压力的几倍,会导致密封装置和液压元件损坏,并引起振动和噪声,有时还会使一些以压力作为信号的元件误动作,比如压力继电器、顺序阀等。

要避免液压冲击,就需要在设计液压系统管路的时候设置蓄能器和安全阀,在液压元件中设置缓冲装置,在使用的过程尽量限制管路中的流速等。

2)气穴现象

液压系统中,当压力迅速降低至低压空气分离压时,溶解于油液中的空气从油中大量分离出来形成气泡，这些气泡混杂在油液中，使原来充满在管道和元件中的液体成为不连续状态，这种现象称为气穴现象。

液压系统发生气穴时，会产生一系列的危害。

（1）引起局部液压冲击，产生振动和噪声。发生气穴时，破坏了液体流动的连续性，造成流量和压力脉动，当气泡进入高压区，气泡破裂，就会引起液压冲击，进而使系统产生振动和噪声。

（2）产生气蚀。所谓气蚀是指由于气穴现象产生的零件腐蚀。当附着在金属表面上的气泡破灭时，它所产生的局部高温和高压作用，会使金属表面剥蚀或产生点状腐蚀。这会大大降低液压元件的使用性能和寿命。

造成气穴现象的原因有很多，可能是泵安装高度过高，油箱液位过低、吸油管直径太小、滤油器阻塞等原因。要防止气穴的产生，就需要保持管路密封良好、限制吸油管的流速、及时清洗滤油器等。

四　评价与反馈

1 自我评价

（1）通过本学习任务的学习，回答下列问题：

①什么是液压系统的压力？________________________________。

②什么是液压系统的流量？________________________________。

③压力的表示方法有哪些？________________________________。

④液压系统的故障现象有哪些？____________________________。

（2）在搭建液压系统基本油路的过程中使用了哪些实训设备？

____。

（3）实训过程完成情况如何？

____。

（4）通过本学习任务的学习，你认为自己的知识和技能还有哪些欠缺？

____。

签名：____________　　________年____月____日

2 小组评价（表3-1）

小组评价表　　　　表3-1

序号	评价项目	评价情况
1	着装是否符合要求	
2	是否能合理规范地使用仪器和设备	
3	是否按照安全和规范的流程操作	
4	是否遵守学习、实训场地的规章制度	
5	是否能保持学习、实训场地整洁	
6	团结协作情况	

参与评价的同学签名：______________________　　________年____月____日

❸ 教师评价

____

____。

教师签名：__________　　________年____月____日

五 技能考核标准

根据学生完成实训任务的情况对学习效果进行评价。技能考核标准见表3-2。

技能考核标准表　　表3-2

序号	项目	操作内容	规定分	评分标准	得分
1	根据绘制的系统图搭建液压基本回路	能正确选择所需的液压元件	10分	所选液压元件能够与系统图符号对应，全部选对得10分；选错一个扣2分	
2		能识别液压试验台各个功能模块的作用	15分	准确地描述试验台“P”和“T”的油管接入方式，并清楚其他模块的功用得15分；一个部分不清楚扣3分	
3		搭建基本液压回路	20分	按照系统图，正确搭建基本油路，无错误得20分；有一处错误扣5分	
4		起动回路，油缸动作正常	15分	按照正确操作规程起动，出现正常油缸动作，得15分； 未按照正确操作规程的不得分	
5		描述所搭建回路的工作过程	20分	准确描述油路流向，准确辨识高压油路和低压油路，得20分；有一处油路描述不清，扣5分	
6		观察压力表读数，正确识读压力表读数	10分	压力表读数正确得10分；读数错误不得分	
7		识读流量计的读数	10分	根据流量计前后读数，正确计算流量，流量计算正确得10分；错误不得分	
总分			100分		

项目二 工作介质基本认知

学习任务4 认识液压油的标号

知识目标

1. 了解液压油的分类；
2. 理解液压油等级牌号的意义；
3. 区分不同类型液压油的添加剂组成；
4. 判断液压油的适用条件。

技能目标

1. 会识别 L－HM32 中每个字母以及数字的含义；
2. 能区分 L－HH、L－HL、L－HM、L－HV 液压油的不同。

建议课时

2 课时。

任务描述

师傅让小明和斌斌去油库中拿点液压油，加入到装载机的液压油箱中。他们跑到油库中一看，油库中存放标有 L－HM32、L－HV46 型号的液压油两桶，他们不知道该取哪一桶，于是，回去问师傅。师傅告诉他们，要判断取哪一桶油，必须先知道液压油标号中字母和数字的含义到底是什么，也就是识别液压油的标号。

一 理论知识准备

1 液压油的用途

液压油是液压系统的工作介质,用来传递系统中的运动和动力。油品的好坏直接关系到整个液压系统的使用寿命,甚至关系到整个机械的使用寿命。液压系统的故障绝大部分都与液压油有直接或间接的关系,因此,液压油在整个液压系统中起着相当重要的作用。

液压油除了用来作为传递运动和动力的介质之外,也能使液压元件各运动部件间得到充分的润滑,从而降低元件的磨损。另外,液压油形成的油膜可以对液压元件配合部件间的间隙进行密封,同时油液的循环能够带走系统中散发的热量,对整个系统起到冷却的作用。

2 液压油的类型

1)液压油的分类

液压油有很多品种,概括起来可分为三大类型:石油型、合成型和乳化型。石油型液压油是以机械油为原料,精炼后按需要加入适当添加剂而成的可燃型石油基矿物油,是工程机械上普遍使用的液压油。其缺点是抗燃性太差,在易燃、易爆、高温等场合,建议尽量使用乳化型液压油和合成型液压油。

2)石油型液压油的表示方法

液压油的一般表示形式是:

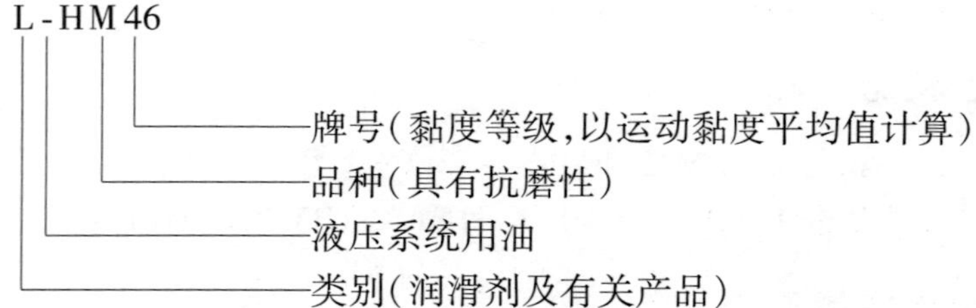

3)石油型液压油的种类

石油型液压油的品种很多,主要包括 L-HH、L-HL、L-HM、L-HR、L-HG 等,这类油的使用量占到液压油总量的 85% 左右,也是工程机械液压系统的主要用油。

(1)L-HH 液压油是一种无任何添加剂的矿物油,一般作为其他液压油的基础油。

(2)L-HL 为普通液压油,它由精制深度精度较高的中性基础油,加入抗氧化剂、防锈剂和抗泡沫剂加工而成,分为 15、22、32、46、68、100 六个牌号,只设一等品。这种液压油黏温特性好,抗氧化安定性好,适用于 0℃以上的中高压系统。

(3)L-HM 为抗磨液压油,它是在普通型液压油的基础上添加抗磨剂形成的,具有良好的抗氧化、防锈和抗磨性能,适用于中压、高压工程机械和车辆液压系统。品种有一等品和优等品,一等品有 15、22、32、46、68、100、150 七个黏度等级,优等品有 15、22、32、46、68 五个等级。

(4)L-HM 液压油是在普通液压油的基础上添加增黏剂形成的,适用于环境温度变化较大的中低压液压系统,该油品有较好的黏温特性。

(5)L-HV 低温液压油是在抗磨液压油 L-HM 的基础上添加增黏剂形成的,具有良好的黏温特性，具有良好的抗氧化、抗泡沫、抗磨、防锈性能，主要用于寒区或工作条件苛刻的工程机械和车辆中高压系统中，使用温度在－30℃以上。一等品有七个等级，优等品有六个等级。

(6)L-HG液压导轨油是在抗磨液压油的基础上添加防滑构成一类液压油，具有优良的油品性能，防锈性、抗氧化性和抗磨性和抗黏滑性均较好。

(7)L-HS低温液压油比L-HV液压油的抗低温起动性能要好，主要用于严寒地区的工程机械和车辆，温度在－30℃以下。

二　任务实施

1 准备工作

(1)准备多桶带有标签的液压油。

(2)分好小组，准备好小组学习工作页。

2 技术要求与注意事项

(1)正确识别所给的液压油牌号。

(2)正确解释液压油牌号的意义。

(3)区分不同液压油的适用特点。

(4)列表比较不同液压油的特点。

3 操作步骤

(1)找出所给的桶装液压油的类型牌号。尽量采用实际的小桶装液压油，如果实际条件难以满足，也可以用标签图片代替，如图4-1所示。

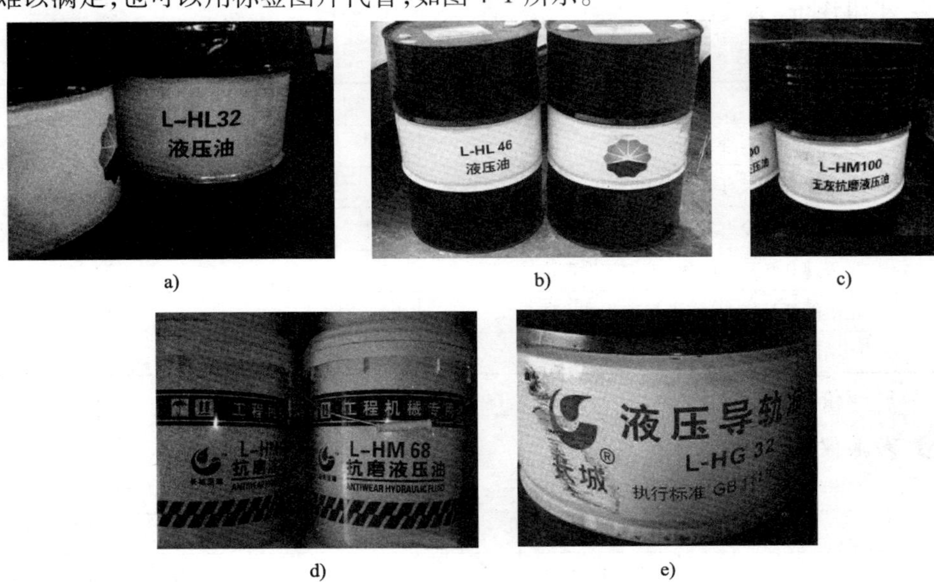

a)　b)　c)　d)　e)

图4-1　不同类型牌号的液压油

(2)对照书本和教学资料，解释这个标签上的类型和牌号。

(3)解释L-HM46、L-HV68的不同，比较石油型液压油的不同。

(4)列表比较 L-HH、L-HM、L-HV 等液压油的添加剂、等级牌号及适用条件的不同。
(5)分别分析浙江地区、黑龙江地区各适用什么类型的液压油。

三 学习扩展

使用液压油时,要维持液压油的清洁,防止液压油的污染。在组装液压系统时,要严格清洗,维修液压元件时,要注意环境防尘。注意监测液压油的温度,避免油液温度过高,一般液压系统的温度应该在 35 ~ 50℃。定期清洗并更换滤油器。

四 评价与反馈

1 自我评价

(1)通过本学习任务的学习你是否已经知道以下问题:
①液压油有哪些类型? ________________________________。
②液压油是如何选用的? ________________________________。
(2)液压油是如何标号的?
____。
(3)实训过程完成情况如何?
____。
(4)通过本学习任务的学习,你认为自己的知识和技能还有哪些欠缺?
____。

签名:____________ ________年____月____日

2 小组评价(表 4-1)

小组评价表 表 4-1

序号	评价项目	评价情况
1	着装是否符合要求	
2	是否能合理规范地使用仪器和设备	
3	是否按照安全和规范的流程操作	
4	是否遵守学习、实训场地的规章制度	
5	是否能保持学习、实训场地整洁	
6	团结协作情况	

参与评价的同学签名:______________________ ________年____月____日

3 教师评价

____
____。

教师签名:____________ ________年____月____日

五 技能考核标准

根据学生完成实训任务的情况对学习效果进行评价。技能考核标准见表 4-2。

技能考核标准表　　表4-2

序号	项目	操作内容	规定分	评分标准	得分
1	认识液压油的标号	记录桶装液压油的标签	10分	记录完整无误得10分;每少一项扣2分	
2		解释所记录标签的字母和数字的意义	20分	字母和数字的意义解释正确得20分;每错一项扣3分	
3		解释L-HL46和L-HV68的意义	20分	正确解释并能比较总结得20分;解释错误一处扣2分	
4		列表比较L-HL、L-HM、L-HV三种不同液压油的添加剂、等级牌号和适用条件的不同	30分	画出了表格,进行了正确的归类和比较得30分;比较错误一项扣3分	
5		选用浙江地区、黑龙江地区的液压用油类型	20分	能够基本正确地选用液压油,选用正确并正确说明理由得20分;选用正确但不能说明理由得10分,选用错误不得分	
总分			100分		

学习任务5　认识液压油的物理性质

知识目标

1. 掌握黏性的定义;
2. 掌握黏性与黏度的关系;
3. 掌握三种黏度的换算关系;
4. 掌握黏温特性的定义;
5. 掌握黏温特性的衡量指标;
6. 了解压缩性、热膨胀性、闪点、燃点等物理性质的定义。

技能目标

1. 能比较黏性的大小;
2. 会换算三种不同的黏度;
3. 理解黏温特性的意义;
4. 会看黏温图;
5. 能理解压缩性和热膨胀性对液压油性能的影响。

建议课时

2课时。

任务描述

小明和斌斌从上一次的学习任务中理解了液压油的类型和标号。液压油的标号是液压油稀稠程度的指标，它是用运动黏度来标定的。那么，到底什么是黏度？黏度的变化与哪些因素有关呢？带着这些疑问，小明和斌斌准备探索液压油的物理性质。

一 理论知识准备

1 什么是液压油的黏性？

液体分子之间存在着互相吸引的内聚力，因而液体在外力作用下流动或有流动趋势时，这种内聚力阻碍液体分子间相对运动而产生的内摩擦力，这种性质称为液体的黏性。静止的液体不显示黏性，只有液体流动或有流动趋势才显示出黏性，黏性是液体的固有属性。黏性的大小用黏度来表示。

2 黏度

黏度用来衡量黏性的大小，表征液体流动的快慢，黏性大的油液比较黏稠，流动缓慢；黏度小的油液比较稀，流动较快。黏度的表示方法有三种：动力黏度、运动黏度和相对黏度。

1）动力黏度 μ

动力黏度又称为绝对黏度，是由牛顿内摩擦定律推导出的物理量。它有特定的物理意义，但是它是一个微观参数，实际计算中是不可测量的，只能从其他可测的物理量进行推导和转换。液体的动力黏度越大，流动液体的内摩擦阻力也越大，反之，液体的动力黏度越小，液体的内摩擦阻力也越小。

2）运动黏度 v

液体的动力黏度 μ 与该液体密度 ρ 的比值称为运动黏度，即 $v=\mu/\rho$，由这个公式还可以推出 $\mu=v\rho$，这就可以通过运动黏度计算出动力黏度。

运动黏度是一个无具体物理意义的工程单位，工程实际中常用运动黏度作为液体的黏度指标。液压油的黏度等级（或称为牌号等级）就是以液压油在40℃时运动黏度的平均值来表示的，例如 L-HM46 表示的就是这种抗磨液压油在40℃时运动黏度的平均值为 $68mm/s^2$（厘斯）。

3）相对黏度

用黏度计测得的黏度称为相对黏度。我国采用恩氏黏度计来测量相对黏度。将200mL 被测油液装入黏度计内，用水浴法加热油液，使油液均匀升温到温度 t，测出油液由黏度计底部直径为 2.8mm 小孔流尽所需的时间 t_1，200mL 的蒸馏水在20℃时流过同一小孔所需时间为 t_2，t_2 通常取平均值 51s，t_1 与 t_2 的比值就是恩氏黏度值。

恩氏黏度与运动黏度的换算关系为：$v=(7.31°E-6.31/°E)\times10^{-6}$

3 黏温特性

液压油对温度的变化非常敏感，温度升高，黏度降低，温度降低，黏度升高。这种黏度随着温度的变化而变化的性质称为液压油的黏温特性。液压油黏度的变化将会直接影响液压系统的工作性能和泄漏量，因此，建议尽量采用黏度受温度变化影响较小的液压油，也就是说黏度的变化要随着温度的变化越小越好，液压油的黏温特性才越好。

液压油黏温特性好坏的指标可以通过黏度指数 *VI* 来衡量。

黏度指数是指被测油液的黏性随温度变化的程度与标准液压油的黏性随温度变化的程度之间的相对比较值。黏度指数越大，黏温特性越好。

现在，液压油的黏度指数 *VI* 一般要求在 90 以上，精制的掺有添加剂的液压油可达 100 以上。黏度指数可通过查国家标准的方式直接查到。

4 压力对黏度的影响

当液体所受的压力增加时，其分子间的距离将减小，内摩擦力增大，黏度增大，油液变稠，当压力减小时，黏度减小，油液变稀。一般在中、低压系统中通常不考虑压力对黏度的影响。

二 任务实施

1 准备工作

(1)准备一小桶 L-HM46 液压油。

(2)准备一桶 L-HM15 液压油和一桶 L-HM46 液压油。

(3)准备游戏用的字条。

(4)准备连线题目的字条。

2 技术要求与注意事项

(1)能正确解释 L-HM46 液压油的符号意义。

(2)正确理解黏度的大小、黏温特性。

(3)正确理解液压油的各种物理性质。

3 操作步骤

(1)解释 L-HM46 中的数字的意义。从数字意义的解释中引出黏性、黏度的概念。

(2)比较两桶不同黏度的液压油。观察两桶不同黏度的液压油有何异样，进而加深对黏性的大小、黏度的概念的深入掌握以及黏度的计算与换算。

(3)判断不同的温度条件下，液压油黏度的变化。引导学生思考温度升高，油液黏度如何变化；油液温度降低，油液黏度如何变化。引起这些变化对液压系统的影响有哪些？如何衡量黏温特性？

(4)做游戏完成液压油各项物理性质的掌握。将学生随机分为两大组，每个大组再分成两个小组，每一个小组的学生会发到一张纸条，一组的纸条是关于液压油的物理性质，每一张纸条上面写一个物理性质。另一组是关于物理性质的解释的，一个纸条上是一个物理性质的解释。然后两个小组的学生分别找到自己的纸条所对应的另一张纸条，其实也就是物理性质所对应的解释，然后将其念出来，就算任务完成。圆满完成任务的，得到奖励，没有完成任务，得相应的惩罚。小组间交流点评。

(5)完成物理性质的连线。在第(4)步中表现不佳的小组，可以再进行这个项目步骤的时候进行追赶，完成这项任务，这项任务是对液压油物理性质的加深理解。

三 学习扩展

液压油的其他物理性质如下。

1 密度

单位体积液体的质量称为液体的密度，以 ρ 表示，密度会随着压力和温度的变化略有变化，但这种变化一般可以忽略不计，可以认为液压油的密度是不变，一般取 20℃ 时的密度值，为 800 ~ 900kg/m^3。

2 压缩性与热膨胀性

压缩性是指液体受压力作用后体积减小的性质。压力增大，体积减小，压力减小，体积膨胀。液体的压缩性可用体积压缩系数来表示，压缩系数越大，表示液压油越容易被压缩；压缩系数越小，表示液压油越不容易被压缩。但在一般系统压力不高时，不用考虑液压油的压缩性。

热膨胀性是指液体因温度升高而体积增大的性质。液体的热膨胀性用热膨胀系数表示，膨胀系数越大，表示液体越容易膨胀。液体的热膨胀性一般情况下也可以忽略不计。

3 闪点与凝点

闪点是油液加热到蒸发的油气与空气混合后，接触明火能发生闪光时油液的最低温度。闪点是油液的防火性能的指标，闪点高，油在高温下不容易着火，因此高温工作条件下，要使用闪点高的液压油。

凝点是在试验条件下，冷却到失去流动性时的最高温度。凝点低的油液适合在低温下工作。

4 化学稳定性与热稳定性

化学稳定性是指油液在空气中不易被氧化的性质。化学稳定性越高，油液在空气中越不容易被氧化，油液越不容易腐化变质。

热稳定性是指油液在高温时抵抗发生化学反应的能力。热稳定性好的油液，在高温情况下不易发生化学反应。

5 腐蚀与酸值

酸值是指液压油中的酸性物质中和氢氧化钾的毫克数。酸值大的油液容易腐蚀液压元件，因此油液对酸值有一定的规定。

腐蚀是指油液对金属试片的腐蚀作用，一般要求腐蚀试验合格。

四 评价与反馈

1 自我评价

(1)通过本学习任务的学习你是否已经知道以下问题：

①液压油的物理性质有哪些？________________________________。

②液压油的黏度有哪几种？________________________________。

(2)在液压油使用中，哪些性质对液压系统的影响比较大？

____。

(3)实训过程完成情况如何？

____。

(4)通过本学习任务的学习，你认为自己的知识和技能还有哪些欠缺？

____。

签名：__________　　________年____月____日

2 小组评价(表 5-1)

小组评价表　　表 5-1

序号	评价项目	评价情况
1	着装是否符合要求	
2	是否能合理规范地使用仪器和设备	
3	是否按照安全和规范的流程操作	
4	是否遵守学习、实训场地的规章制度	
5	是否能保持学习、实训场地整洁	
6	团结协作情况	

参与评价的同学签名：______________　　________年____月____日

3 教师评价

____

____。

教师签名：__________　　________年____月____日

五　技能考核标准

根据学生完成实训任务的情况对学习效果进行评价。技能考核标准见表 5-2。

技能考核标准表　　表 5-2

序号	项目	操作内容	规定分	评分标准	得分
1	认识液压油的物理性质	解释 L-HM46 中的数字的意义	10 分	正确解释 46 的含义和意义得 10 分；部分解释酌情给分；解释错误没有分数	
2		比较不同黏度液压油的区别	25 分	正确描述不同黏度液压油的区别，且描述非常完整得 25 分；其他情况酌情给分	
3		判断不同温度条件下，液压油黏度的变化	20 分	正确描述黏温特性及意义，正确判断不同温度下，黏度的变化得 20 分；判断错误一项扣 3 分	
4		做游戏寻找物理性质的解释	25 分	准确地找出物理性质的正确解释，全部正确得 25 分；一项找错扣 3 分，直至扣完为止	
5		完成物理性质连线的题目	20 分	准确将液压油的物理性质进行连线，连线全部正确得 20 分，每错一题扣 3 分	
总分			100 分		

学习任务6 选用液压油

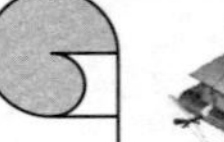

知识目标

1. 对液压油的要求有哪些；
2. 选用液压油要考虑哪些因素。

技能目标

1. 能知道什么样的液压油是好的液压油；
2. 能根据机器的使用说明选用合适匹配的液压油。

建议课时

2课时。

任务描述

有一台小型装载机，液压系统压力为20MPa，因使用年限较长，需要更换液压油，请你帮助业主推荐一款经济实用的液压油。

一 理论知识准备

1 对液压油的要求

液压油是液压系统的工作介质，其好坏直接影响到液压系统的使用寿命。液压系统中的故障绝大部分都与液压油有关，因此，液压油需要满足一定的性能要求。

(1)液压油要有适当的黏度。液压油的黏度不能太大也不能太小。黏度太大，油液流动缓慢，系统发热比较严重；黏度太小，系统泄漏比较大，系统的能量损失比较大。

(2)液压油要具有良好的黏温特性。黏温特性是液压油的黏度受温度变化而变化的指标，黏温特性好，液压油的黏度受温度的变化影响较小，液压系统的工作稳定性就好。

(3)能够对液压系统各部件运动部分进行很好的润滑。液压油要保证能形成足够的油膜，使系统各表面能够获得足够的润滑而不至被破坏。

(4)闪点要高，凝点要低，热膨胀系数要低。这样可以使得液压油在不同季节不同温度环境下均能正常使用。

(5)稳定性要好。无论是受热还是在空气中，液压油都不容易腐化变质，就是好的液压油。

(6)油液洁净,杂质少,不易产生气泡和乳化。油液应纯净,有良好的抗气泡性。如有气泡,会使油液腐化变质,同时,气泡也会引起机械系统产生剧烈振动。

(7)抗腐蚀性、防锈性和相容性较好。

❷ 液压油的选用

选用正确适当的液压油,可以大大提高液压系统的使用寿命。选用液压油,需要先选择液压油的类型,再选择液压油的牌号。

1)液压油类型的选择

选择液压油的类型,即确定是用普通液压油、抗磨液压油,还是用低温液压油等。

选择液压油的类型时要考虑系统的使用要求、环境温度、系统的压力、油液的使用寿命、品质和价格等因素。

判断选择什么类型的油液,需要对液压油的性质和特点非常了解,然后根据各项条件的匹配来确定一个合适的液压油类型。

2)液压油牌号的确定

确定了选用液压油的类型,还需要根据机械的使用要求、系统压力、工作环境温度、工作速度的快慢来确定适用的液压油等级牌号。

(1)系统压力。系统压力越高,就要选择黏度高的液压油,反之,就选择黏度低的液压油。压力高,系统就会容易产生泄漏,油液如果黏度低,泄漏量就会更大,系统能量损失就会很大。因此,系统压力高,要选择黏度适当高一些的液压油。

(2)环境温度。环境温度高,应选择黏度较高的液压油,环境温度低,要适当选择黏度较低的液压油。这其实与机械使用的当地气候有关的,在南方地区、中部地区以及北方地区,黏度的要求其实是不一样的。

(3)工作速度的快慢。执行元件动作的速度要求比较快,可以适当选择黏度低的液压油。当执行元件动作较慢,液流速度也很慢时,内部的泄漏是会加大的,这时应该选择黏度较高的液压油。

除了这些系统的使用要求外,液压系统主泵的类型也会影响液压油黏度的选择。

二　任务实施

❶ 准备工作

(1)能够显示液压油各项物理性质的多媒体课件。

(2)制作液压油各项物理性质讨论的表格。

(3)准备不同的工作条件、环境温度的液压系统的设置。

❷ 技术要求与注意事项

(1)区分出液压油各项物理性质的正确要求。

(2)归类各项正确要求。

(3)正确选用合适的液压油。

(4)了解液压油污染的危害。

3 操作步骤

(1)分析好的液压油应具备什么物理性质。根据给定的讨论表格,对照液压油的各项物理性质讨论液压油的基本要求,好的液压油应具备的物理性质。

(2)总结对液压油要求的“关键词”。引导学生找出对液压油要求的关键词,用关键词串记对液压油的基本要求。

(3)分组比较对液压油的要求中“关键词”引导记忆成果的比较。分组比较“关键词”记忆的成果,每组出一个人,比较一条,哪组说对一条得一分,说错不得分,最后比较分数的高低。

(4)完成选用液压油的任务。给定一个压力、一定温度、一定速度的液压系统,让学生根据所学知识考虑选用什么样的液压油。每组得到一组条件,每组的任务和条件均不同,学生根据条件参照资料选用合适的液压油,并说明原因。

(5)总结液压油选用的基本要求。总结液压油选用的程序和要求,并进行总结和展示。

三 学习扩展

1 液压油的使用与维护

液压系统中,为防止液压油的腐化变质,应注意以下几点:

(1)注意保持系统的密封和油的清洁。

(2)控制油温,油温的正常范围在30~50℃。

(3)油箱中的油液不能太满,要保持在一定高度。

(4)换油时要彻底清洗管路,新油要过滤后加入,且不同牌号的油不可混用。

(5)要防止油液的各种污染。

2 液压油的污染

液压油的污染物有水、空气、机械杂质颗粒等。产生污染的原因主要是系统在使用中生成的金属粉末和橡胶碎片在高温高压下和液压油发生化学反应生成的污染物。污染还来源于系统的泄漏。

污染会导致系统产生噪声、引起气蚀、爬行和振动,会加速油液老化变质。另外油液的污染最终会导致液压元件受到损伤或者液压系统无法工作,出现严重故障。

四 评价与反馈

1 自我评价

(1)通过本学习任务的学习,回答下列问题:

①对液压油的要求有哪些? ______________________________。

②应该如何选用液压油? ______________________________。

(2)在完成各项学习任务的过程中使用了哪些素材?

____。

(3)任务完成情况如何?

____。

(4)通过本学习任务的学习,你认为自己的知识和技能还有哪些欠缺?

____。

签名:____________　　________年____月____日

❷ 小组评价(表6-1)

小组评价表　　表6-1

序号	评价项目	评价情况
1	着装是否符合要求	
2	是否能合理规范地使用仪器和设备	
3	是否按照安全和规范的流程操作	
4	是否遵守学习、实训场地的规章制度	
5	是否能保持学习、实训场地整洁	
6	团结协作情况	

参与评价的同学签名:____________________　　________年____月____日

❸ 教师评价

____

____。

教师签名:____________　　________年____月____日

五　技能考核标准

根据学生完成实训任务的情况对学习效果进行评价。技能考核标准见表6-2。

技能考核标准表　　表6-2

序号	项目	操作内容	规定分	评分标准	得分
1	选用液压油	对照液压油的物理性质,总结对液压油的具体要求	20分	对每一个物理性质的要求理解是正确的得20分;否则酌情扣分	
2		根据总结的具体要求找出“关键词”	15分	“关键词”寻找基本正确,具有核心意义,“关键词”错一项扣2分	
3		记忆对液压油的要求,比较记忆结果	15分	记忆的条目越多越对,评分越高,记错一项扣2分	
4		在给定条件下选用适当的液压油	30分	液压油选择适当,并正确地解释理由得30分;选用正确,理由错误扣5分;选用错误,不得分	
5		总结液压油选用的口诀	20分	口诀总结合理,有助于掌握知识和技能,得20分;没有总结,不得分	
总分			100分		

项目三　外啮合齿轮泵的构造与拆装

学习任务7　CBG单联外啮合齿轮泵的构造与拆装

知识目标

1. 掌握CBG外啮合齿轮泵字母的意义；
2. 理解部件名称命名的意义；
3. 掌握齿轮泵三种不同的压力意义；
4. 掌握泵的压力级分类。

技能目标

1. 会按照正确规范的拆装步骤拆卸和装配CBG外啮合齿轮泵；
2. 能叫出齿轮泵每个部件的名称；
3. 能够根据自己的拆装经历写出拆装步骤以及注意事项。

建议课时

4课时。

任务描述

国产装载机的主泵一般是CBG外啮合齿轮泵，现在有一台装载机，发现主泵漏油，压力不够，怀疑是主泵的密封圈坏了，主泵已经从整机上吊卸下来了。现在，请你打开这个泵，检查一下密封圈是否坏了。

一 理论知识准备

1 液压泵的工作原理

液压泵是液压系统中的动力源，为系统提供压力能，它将原动机的机械能转换为液压油的压力能输出。它能够从油箱中吸油，并将吸入的油泵出。液压泵的工作原理如图 7-1 所示。

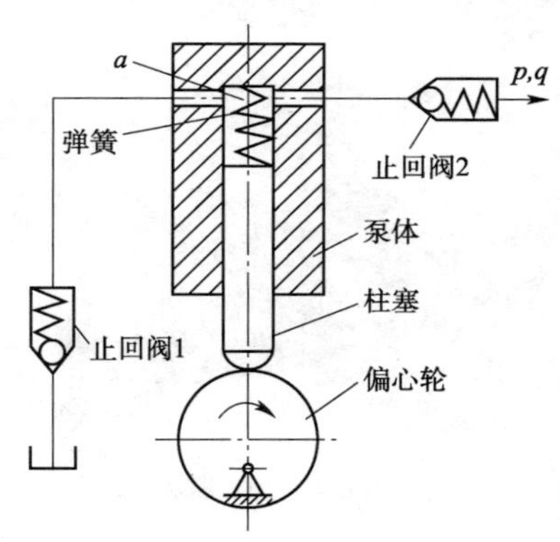

图 7-1　液压泵工作原理图

图 7-1 所示为单体泵的工作原理。单体泵由柱塞、泵体、偏心轮、止回阀等部件组成。泵体和柱塞形成密封的工作容积，偏心轮转动，推动柱塞上下运动，柱塞上下运动的过程中，泵体和柱塞形成的密封容积会大小变化。当偏心轮转到短边时，柱塞位于最低位置，此时密封容积的体积最大，形成真空，密封容积的气压低于大气压，油箱中的油液在大气压与密封容积中压差的作用下，顶开止回阀，进入密封容积，实现吸油过程。当柱塞转过短边后，柱塞开始向上移动，密封容积逐渐减小，吸入的油液在压力的作用下从压油口泵出，进入液压系统。此时，止回阀 1 关闭，止回阀 2 打开。偏心轮连续运转，液压泵连续地吸油和压油，这样原动机的机械能就被转换成了液体的压力能。

由上述工作过程可以看出，泵的吸油和压油是通过密封容积的变化来实现的，这样的泵称为容积泵。容积泵要正常工作，必须满足四个条件：

（1）能形成密封容积。比如图 7-1 中泵体和柱塞形成的密封容积。

（2）密封容积能够周期性大小变化。在偏心轮的转动下，柱塞上下运动，密封容积大小规律性变化，容积增大时，吸油；容积减小时，压油。

（3）要有配油装置。配油装置的作用是保证液压油在吸油时与油箱相通，压油时与系统系统相通，但是压油口和吸油口不能同时相通。

（4）开式系统中油箱要与大气相通。

2 液压泵的分类

液压泵可以按照很多方式分类，如按照结构、排量、泵的压力分级等。

（1）按照结构分类。按照泵的结构不同，常见的泵有三类：齿轮泵、叶片泵和柱塞泵。其外观如图 7-2 所示。

（2）按照排量是否可调分类。按照排量是否可调，将液压泵可以分为定量泵和变量泵。

定量泵是指液压泵的输出排量不可调节的，变量泵的输出排量是可以调节的。常见的定量泵一般有齿轮泵、双作用叶片泵、定斜盘轴向柱塞泵等。定量泵、变量泵的液压图形符号如图 7-3 所示。

（3）按照泵的压力分类。按照泵的额定压力的高低，可以将液压泵分为低压泵、中压泵、中高压泵、高压泵和超高压泵五个压力级别。其压力分类分级见表 7-1。

a)外啮合齿轮泵

b)内啮合齿轮泵

c)单作用叶片泵

d)双作用叶片泵

e)直轴式轴向柱塞泵

f)斜轴式轴向柱塞泵

g)径向柱塞泵

图 7-2 按照结构分类

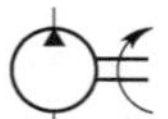
a)单向定量泵

b)单向变量泵

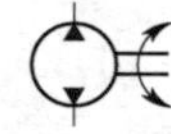
c)双向定量泵

d)双向变量泵

图 7-3 液压泵的图形符号

液压泵的压力分级 表 7-1

额定压力(MPa)	0~2.5	2.5~8	8~16	16~32	>32
泵的类型	低压泵	中压泵	中高压泵	高压泵	超高压泵

目前国产泵以低压泵、中压泵、中高压泵为主,高压泵相对较少,高压泵基本以进口为主。

二 任务实施

1 准备工作

(1)布置并准备拆装工作台及拆装工具各 4 台套。

(2)配套 CBG 外啮合齿轮泵 4 只。

(3)准备柴油一桶、空气压缩机一台、油盆 4 只、手套若干、洗手液、更换的密封件等。

(4)分好小组,准备好小组学习工作页。

2 技术要求与注意事项

(1)拆卸齿轮泵之前要进行细致充分的准备工作,比如清理准备好拆装场地,清除液压泵外部油渍脏物,并封闭保护好进、出油口,以免脏物进入;同时在泵的外部结合面做出明显的可以区分的标志,但注意,做标记不能损坏泵的外部密封。

(2)按照工具选用的原则,选取适当的工具,工具按照要求放在指定位置,并放置整齐。整个拆装过程中,需要用什么工具,取什么工具,使用完毕的工具要归位放置。

(3)拆卸下的零部件进行清洗和吹干后按照先后顺序整齐码放;如果担心装配出现问题,可在内部适当做一些标记。

(4)按照与拆卸顺序相反的过程装配齿轮泵,注意观察密封圈是否有损坏现象,如果有破损要立即更换。

(5)齿轮泵装配好之后,主轴应能灵活转动,不允许有卡阻现象,否则泵是无法正常工作的。

(6)装配过程中,浮动侧板要按照原位置进行安装,不能装反。

(7)有条件的实训室可以进行台上试验,检查泵是否工作正常。

3 操作步骤

(1)观察老师的拆装示范并做记录。拆装步骤如下:

第一步,将齿轮泵抬上拆装台,清洗齿轮泵外部泥渣,封闭进出油口,并在齿轮泵的外部连接处做好标记。

第二步,按照齿轮泵的外部螺栓,选取内六角扳手、两用扳手、穿心起子、橡胶锤等拆装工具。

第三步,分析齿轮泵的拆装步骤,清楚拆装原则。

第四步,先对角拆卸小螺栓,再对角拆卸大螺栓,螺栓按顺序摆放整齐。

第五步,先分离前泵盖与泵体,取出前浮动侧板、主动齿轮、从动齿轮,再分离后泵盖与泵体。

第六步,清洗各拆卸下来的零件,用气吹干,并指认每个部件的名称。

第七步,观察拆卸下的密封件,选取配套的密封件更换。

第八步,按照与拆卸顺序相反的顺序装配齿轮泵。先装配后泵盖与泵体,再装配主、从动齿轮轴,浮动侧板,最后装后泵盖。

第九步,对角拧紧螺栓,按照先拧紧大螺栓再拧紧小螺栓的顺序。

第十步,清理现场,整理工具,进行试验台试验。

(2)学生分组,按照老师的拆装示范进行齿轮泵的拆装。自行选工具、做标记、分析拆装顺序、实施拆装、拆装过程监控、清洗部件、装配部件。

(3)识别每个部件的名称,记录泵的铭牌标识。

(4)查询铭牌标识的意义,掌握泵的压力分级以及泵的三种压力的意义。

(5)根据拆装经历写出单联外啮合齿轮泵的拆装步骤以及注意事项。

三 学习扩展

1 齿轮泵的主要性能参数

(1)压力。泵有三种压力,分别是额定压力、工作压力和最高压力。

额定压力指液压泵在正常工作条件下,按照试验标准规定连续运转的最高压力。额定压力一般标定在铭牌上。

在液压系统中,我们可以用压力表来测定压力。压力表测出的压力并不是额定压力,而是泵的工作压力,这个工作压力是取决于系统所承受的外部负载的,外部负载越大,泵口的压力越高。但是,压力是不能无限升高的,超过了安全阀的溢流压力,安全阀进行溢流,泵口压力不再升高。

最高压力是泵在超载时,按照试验标准规定,允许短暂运行的最高压力。

(2)排量与流量。泵的排量是指泵转一圈所排出液体的体积,用字母 q 表示。排量取决于泵本身的结构,泵是变量泵还是定量泵,取决于排量,而不是取决于流量。

泵的流量有额定流量、理论流量以及实际流量。

①额定流量 q_n:液压泵在正常工作条件下,按试验标准规定(如额定压力和额定转速下)必须保证的流量。流量是与转速和排量有关的。

②理论流量 q_t:按照试验标准规定必须保证的输出流量。

③实际流量 q:由于泵内部泄漏的存在,实际工作时输出的流量小于理论流量。

(3)容积效率。容积效率为实际输出流量与理论输出流量的比值。

$$\eta_v = \frac{q}{q_t} = \frac{q_t - \Delta q}{q_t} = 1 - \frac{\Delta q}{q_t}$$

式中:Δq——液压泵的泄漏流量。

❷ 齿轮泵规格型号编码

齿轮泵的规格型号有很多种,其编码表示方法如下:

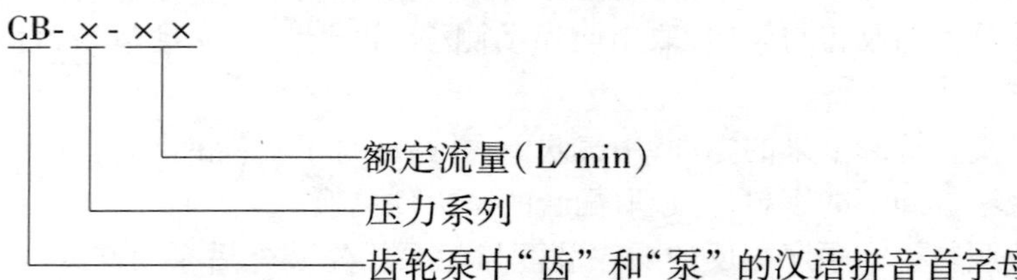

例如:以 CB-B-10 齿轮为例,它表示的是该齿轮泵的额定压力为 2.5MPa,额定流量为 10L/min,齿轮泵同一压力分级下,有多种额定流量的规格。再如 CB-G 表示额定压力为 20MPa。

四 评价与反馈

❶ 自我评价

(1)通过本学习任务的学习你是否已经知道以下问题:

①液压泵是如何工作的?____________________。

②液压泵的基本参数有哪些?____________________。

③齿轮泵的基本组成部件有哪些?____________________。

(2)在单联齿轮泵的拆装过程中使用了哪些工具和设备?

____。

(3)拆装实训过程完成情况如何?

____。

(4)通过本学习任务的学习,你认为自己的知识和技能还有哪些欠缺?

____。

签名:__________　　________年____月____日

❷ 小组评价(表 7-2)

小组评价表　　表 7-2

序号	评价项目	评价情况
1	着装是否符合要求	
2	是否能合理规范地使用仪器和设备	
3	是否按照安全和规范的流程操作	
4	是否遵守学习、实训场地的规章制度	
5	是否能保持学习、实训场地整洁	
6	团结协作情况	

参与评价的同学签名:__________________　　________年____月____日

❸ 教师评价

____

____。

教师签名:__________　　________年____月____日

五　技能考核标准

根据学生完成实训任务的情况对学习效果进行评价。技能考核标准见表 7-3。

技能考核标准表　　表 7-3

序号	项目	操作内容	规定分	评分标准	得分
1	单联外啮合齿轮泵的拆装	记录教师演示的拆装过程	10 分	记录完整准确得 10 分;记录每缺一项扣 2 分	
2		小组内独立拆装	40 分	是否会按照规程操作,正确进行拆装,过程符合拆装要求,得 40 分,不按照操作规程,拆装过程凌乱适当扣分	
3		指认齿轮泵各部件的名称	20 分	能够指认出每一个拆装部件的名称,得 20 分;少指认一个扣 5 分	
4		解释齿轮泵铭牌上各参数的意义	15 分	正确解释了齿轮泵铭牌上的参数,得 15 分;铭牌上的参数解释不完整,酌情扣分;不会解释不得分	
5		撰写拆装步骤	15 分	正确完整地描述了拆装步骤,得 15 分;其他情况酌情给分	
总分			100 分		

学习任务8 双联外啮合齿轮泵的构造与拆装

知识目标

1. 掌握双联外啮合齿轮泵铭牌字母的意义；
2. 理解部件名称命名的意义。

技能目标

1. 能自己独立判断双联外啮合齿轮泵的拆装顺序；
2. 会正确规范拆卸和装配双联外啮合齿轮泵；
3. 能叫出各部件名称；
4. 会组织并描述拆装步骤和注意事项。

建议课时

4课时。

任务描述

通过学习任务7的学习，已经可以独立地拆装单联外啮合齿轮泵了。为了检验大家的拆装能力，现在有一台双联外啮合齿轮泵，请你设计拆装方案，并独立完成整个拆装。

一 理论知识准备

1 外啮合齿轮泵的结构

外啮合齿轮泵结构及立体分解如图8-1所示。

2 外啮合齿轮泵工作原理

外啮合齿轮泵工作原理如图8-2所示。

一对啮合的齿轮将泵体分成了两个腔体，即吸油腔和压油腔，吸油腔通吸油口，压油腔通压油口。当主动齿轮旋转时，在进油口，轮齿脱开，吸油腔逐渐增大，形成真空从油箱吸油，随着齿轮的旋转，通过齿轮的齿谷将油带入压油腔，在压油腔，由于轮齿进入啮合，容积逐渐减小，油液从压油口泵出。齿轮泵是利用齿轮和泵壳形成密封容积的变化，因此不需要配流装置，也由其结构决定，不能变量。

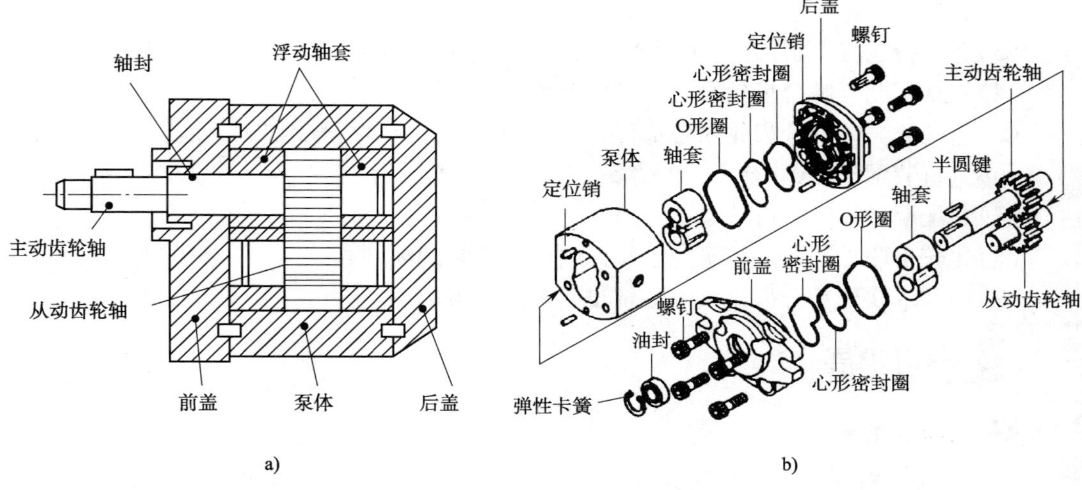

图 8-1　外啮合齿轮泵结构图、立体分解图

二 任务实施

1 准备工作

(1)布置并准备拆装工作台及拆装工具各 4 台套。

(2)配套双联外啮合齿轮泵 4 只。

(3)准备柴油一桶、空气压缩机一台、油盆 4 只、手套若干、洗手液、更换的密封件等。

(4)分好小组,准备好小组学习工作页。

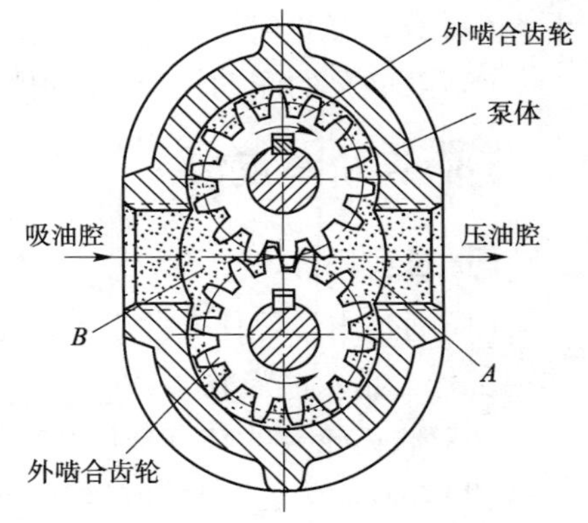

图 8-2　外啮合齿轮泵工作原理图

2 技术要求与注意事项

(1)拆装前清理场地,清除泵外部脏物,保护进、出油口,做标志,要保证标志的唯一性。

(2)自行选用工具,按程序办理工具领用和归还手续。

(3)在拆装方案的指导下拆卸双联外啮合齿轮泵,将拆卸下的零部件进行清洗和吹干后按照先后顺序整齐码放。

(4)更换密封件。

(5)装配过程中,浮动侧板要按照原位置进行安装,不能装反。

(6)齿轮泵装配好之后,主轴应能灵活转动,不允许有卡阻现象,否则泵是无法正常工作的。

(7)有条件的实训室可以进行台上试验,检查泵是否工作正常。

3 操作步骤

(1)制订双联外啮合齿轮泵的拆装方案,拆装方案包括选取的拆装工具、拆装标记如何做、拆卸顺序、装配顺序、拆装注意事项、小组人员分工、时间控制等项目。

(2)按照拆装方案的要求办理工具领用手续。
(3)各组自己独立拆卸,记录拆装中可能存在的问题。
(4)指认双联外啮合齿轮泵各部件的名称。
(5)清洗双联外啮合齿轮泵各部件并吹干,并按拆卸顺序摆放整齐。
(6)分析装配顺序,并补齐装配方案。
(7)装配双联外啮合齿轮泵。
(8)比较单联外啮合齿轮泵与双联外啮合齿轮泵的区别。
(9)撰写双联外啮合齿轮泵的拆装步骤及注意事项。

三 学习扩展

1 双联齿轮泵定义

双联齿轮泵就是两个齿轮泵合成一个泵,其安装尺寸没有区别,但有两个出油口,一个吸油口。

2 双联泵的特点

(1)双联泵的旋向一致,共用一个吸油口,但双联泵各有自己独立的压油口。
(2)双联泵共用一根输入轴,由一个方向供应动力。
(3)双联泵的浮动轴套、浮动侧板要满足吸油口和压油口的方向一致。

四 评价与反馈

1 自我评价

(1)通过本学习任务的学习你是否已经知道以下问题:
①什么是双联齿轮泵?________________________________。
②双联齿轮泵的特点是什么?________________________________。
(2)在双联齿轮泵拆装过程中使用了哪些工具?拆装时要注意什么?
____。
(3)实训过程完成情况如何?
____。
(4)通过本学习任务的学习,你认为自己的知识和技能还有哪些欠缺?
____。

签名:____________ ________年____月____日

2 小组评价(表8-1)

小组评价表 表8-1

序号	评价项目	评价情况
1	着装是否符合要求	
2	是否能合理规范地使用仪器和设备	
3	是否按照安全和规范的流程操作	

续上表

序号	评价项目	评价情况
4	是否遵守学习、实训场地的规章制度	
5	是否能保持学习、实训场地整洁	
6	团结协作情况	

参与评价的同学签名：______________________　________年____月____日

❸ 教师评价

____

____。

教师签名：______________　________年____月____日

五 技能考核标准

根据学生完成实训任务的情况对学习效果进行评价。技能考核标准见表8-2。

技能考核标准表　　表8-2

序号	项目	操作内容	规定分	评分标准	得分
1	双联齿轮泵构造与拆装	制订双联外啮合齿轮泵的拆装方案	20分	制订的方案要素全面，可行，得20分；其他情况酌情给分	
2		规范拆卸外啮合齿轮本	20分	拆卸过程工具选用恰当、拆卸过程规范，零部件摆放整齐，得20分；其他情况酌情给分	
3		指认出双联齿轮泵每个零部件的名称	10分	每个零部件名称指认正确得10分，指认错一个扣2分	
4		分析双联齿轮泵装配顺序	10分	装配顺序分析合理可行得10分，其他情况酌情给分	
5		装配双联外啮合齿轮泵	20分	装配过程规范、完整得20分，其他情况酌情给分	
6		比较单联泵与双联泵拆装过程的区别	10分	列出区别不少于3条，列出3条以上10分；少列一条扣3分	
7		撰写双联泵拆装步骤及注意事项	10分	准确地写出拆卸和装配步骤及注意事项得10分，其他情况酌情给分	
总分			100分		

学习任务9 外啮合齿轮泵工作原理演示与结构分析

知识目标

1. 掌握齿轮泵几个不同压力的区别；
2. 掌握齿轮泵的排量、流量、容积效率等参数；
3. 会叙述齿轮泵的定义、危害及解决措施；
4. 会叙述齿轮泵径向力不平衡定义、危害及解决措施；
5. 会叙述齿轮泵的泄漏途径以及浮动侧板的作用。

技能目标

1. 会演示齿轮泵的工作原理；
2. 会演示困油现象；
3. 能指出齿轮泵的泄漏途径；
4. 能够识别吸油口、压油口、吸油腔、压油腔；
5. 能知道齿轮泵各部件的作用。

建议课时

4课时。

任务描述

齿轮泵因为结构简单、自吸性好，对油液的污染不敏感而得到广泛的应用。影响外啮合齿轮泵寿命的三大问题是困油现象、泄漏和径向不平衡力，能够演示或者描述这些现象、了解其危害及掌握解决措施，对于分析齿轮泵的结构、维修调试齿轮泵有非常重要的意义。

一 理论知识准备

1 困油现象

1)定义

齿轮泵靠一对轮齿的啮合将泵体分为吸油腔和压油腔，为了使泵能够连续供油，吸油腔和压油腔必须隔开，齿轮啮合的重合系数必须大于1，也即，前一对齿轮还没有脱开啮合，后一对齿轮已经进入了啮合，这样在两对啮合的齿轮间形成了一个封闭的容积，这个封闭容积就称为困油容积。困油容积随着齿轮的转动,先减小再逐渐增大,这种现象称为困油现象。困油过程如图9-1所示。

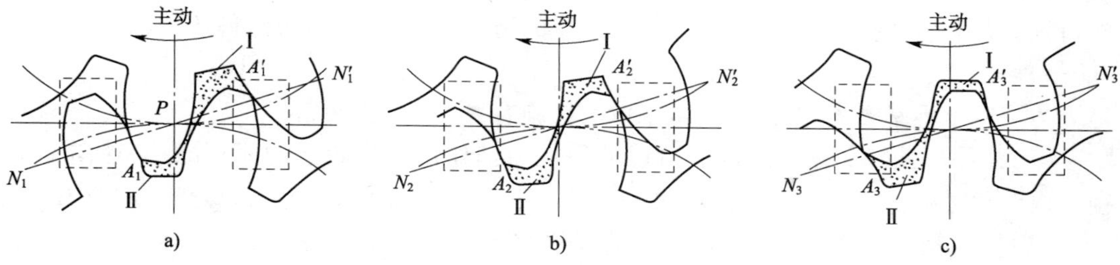

图9-1　齿轮泵困油现象

2)危害及原因

困油现象将引起发热、噪声、振动和气蚀。当困油容积减小时,由于油液的可压缩性很小,困油容积中的油液压力会急剧升高,油液从一切可能的缝隙中往外流出,导致油液发热,轴承承受很大的附加载荷、系统功率产生损失。当困油容积增大时,困油容积增大,造成困油容积内局部真空,由于油液中空气分离压的存在,溶解在油液中的气体分离出来,产生气穴现象。气穴产生的气泡进入高压管壁或者液压元件的金属表面处,气泡被挤破后,对管壁和金属元件均具有较强的氧化腐蚀作用,形成气蚀。

3)解决措施

齿轮泵在结构上解决困油的措施主要有:在齿轮泵与齿轮端面接触的前后端盖或者浮动侧板、浮动轴套的端面上开卸荷槽或者卸荷盲孔,使得困油容积减小时,通过卸荷槽与压油腔相通;困油容积增大时,通过卸荷槽与吸油腔相通。卸荷槽的开设并不是完全对称的,一般靠近压油口的槽要深一点,也就是说距离轴心线要近一些。实践证明,这样能取得更好的卸荷效果。图9-2所示为齿轮泵困油卸荷槽 。

❷ 径向力不平衡

1)定义

在齿轮泵中,作用在不同齿顶处的压力是不相等的,在靠近吸油腔侧,齿顶承受的压力比较小,在压油腔处,齿顶承受的压力比较大。从吸油腔侧到压油腔侧,齿顶承受的压力逐渐升高,到达压油口处达到最大。这些力的综合作用,使得齿轮和齿轮轴受到一个不平衡的作用力,就称为径向力不平衡。图9-3所示为齿轮泵径向力不平衡图

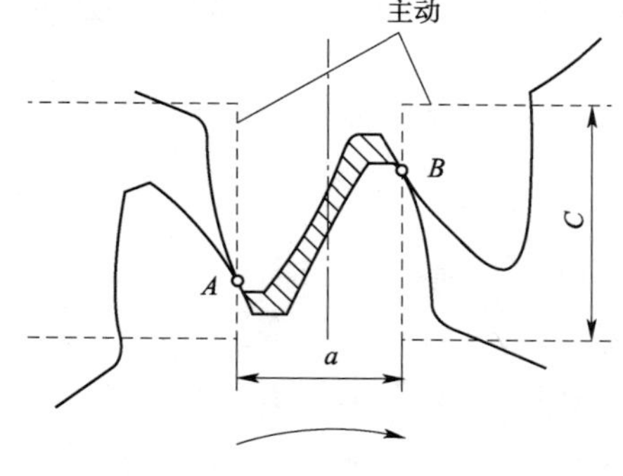

图9-2　齿轮泵困油卸荷槽

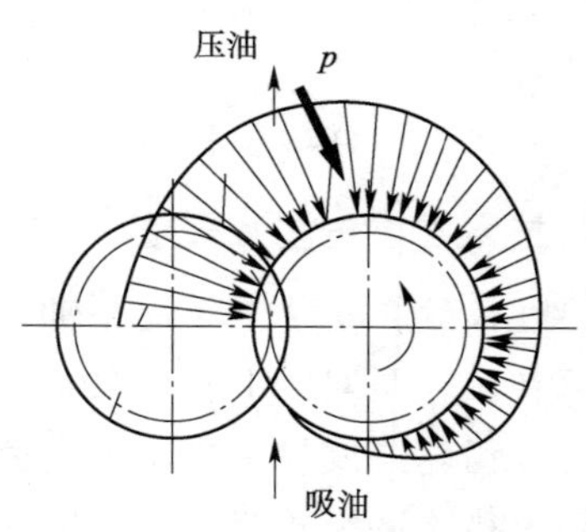

图9-3　齿轮泵径向力不平衡图

2)危害

径向力不平衡会使得齿轮和轴承受到径向不平衡力,这样齿轮轴会弯曲,转至吸油侧的齿顶会与泵体碰擦,产生磨损和发热。严重的情况会导致泵轴弯曲,损坏轴承。

3)解决措施

为了减小不平衡力的影响,通常采取的措施有:

(1)缩小压油口。缩小压油口可以使得压力油作用在齿轮上的面积减小,径向不平衡力也就随之减少。这也就是齿轮泵一般情况下吸油口比较大,压油口比较小的原因。

(2)控制径向间隙。扩大压油口侧的齿顶间隙,缩小吸油口侧的齿顶间隙,使得压油口侧的齿顶在间隙增大的情况下受到的压力适当减小,吸油口侧的齿顶在径向间隙减小的情况下齿顶受到的压力适当增大,达到平衡径向力的作用。

(3)卸荷径向力。通过开设引流槽或者平衡槽,达到抵消径向力的效果。也有一些齿轮泵采用滚动轴承达到降低不平衡力危害的效果。

3 泄漏

液压系统内部会产生泄漏,一切泄漏都是从高压区向低压区泄漏的。齿轮泵的吸油口是低压区,压油口是高压区,齿轮泵内部的油液都有从高压区向低压区泄漏的趋势。在齿轮泵中,可能的泄漏途径有三条:一是齿轮两端面和盖板间的端面间隙(也称为轴向间隙);二是齿顶与泵体的径向间隙(也称为齿顶间隙);三是啮合齿缝间的间隙。在这条泄漏途径中,端面间隙的泄漏量最大,占到齿轮泵总泄漏量的75% ~80%,啮合齿缝的泄漏量最小,占总泄漏量的5%左右,因此,基本可以忽略不计。端面间隙过大,泄漏量多,容积效率过低;端面间隙过小,齿轮端面和端盖间的摩擦损失会增加,会使泵的机械效率增加。因此,要严格控制端面间隙,对于齿轮泵来说,补偿好端面间隙可以大大提高其工作压力。

补偿端面间隙的方式有在齿轮两端面加装浮动侧板或者浮动轴套。使得浮动侧板或者浮动轴套在压力油的作用下紧贴齿轮端面,压力越高,贴得越紧。

二 任务实施

1 准备工作

(1)准备已经打开前端盖的单联齿轮泵(有浮动侧板)、双联齿轮泵(有浮动轴套)。

(2)准备困油现象、径向力不平衡的动画视频。

(3)准备学习任务工作页。

2 技术要求与注意事项

(1)在齿轮泵实物上转动泵轴判断吸油口、压油口,演示工作原理。

(2)在齿轮泵实物上转动泵轴演示困油现象。

(3)在齿轮泵实物上指出不同类型齿轮泵解决困油现象的结构措施。

(4)分析不同齿轮泵解决径向不平衡力的措施。

(5)分析不同齿轮泵解决解决泄漏的结构特点。

3 操作步骤

(1)转动泵轴,判断吸油口、压油口,描述工作原理。

用拆装工具打开齿轮泵体,取出泵盖,但是不取出啮合的齿轮,转动泵轴演示齿轮泵工作原理。

(2)分组讨论浮动侧板或浮动轴套上卸荷盲孔和卸荷槽的作用。

根据讨论的结果引出困油现象,先解释什么是困油,并用多媒体动画进行演示。

(3)在实物泵体上演示困油现象,并分析其危害。

在教师的指导下,每位同学在实物上演示困油现象、指出困油在不同结构泵体上的解决措施,并能用所学知识分析困油的危害。

(4)分析泵的高压区和低压区,掌握径向力不平衡定义。

转动泵轴,让学生判断吸油口和压油口,分辨高压区和低压区,引导学生分析高低压区对泵轴的作用力,引出径向力不平衡。

(5)分析径向力不平衡的危害和解决措施。从吸油口和压油口的大小不同的原因分析,掌握径向力不平衡的解决措施。

(6)分析浮动侧板和浮动轴套的作用。引导学生分析其作用,进而引出泵的泄漏途径。

(7)在泵体上指出泵的泄漏途径。引导学生找出外啮合齿轮泵的泄漏途径,在泵体上指出泄漏途径,并判断泄漏量大小,进而加深对排量、流量和容积效率的理解。

三 学习扩展

内啮合齿轮泵有渐开线齿形的,还有摆线齿形的。

(1)渐开线式内啮合齿轮泵。渐开线内啮合齿轮泵结构如图 9-4 所示。

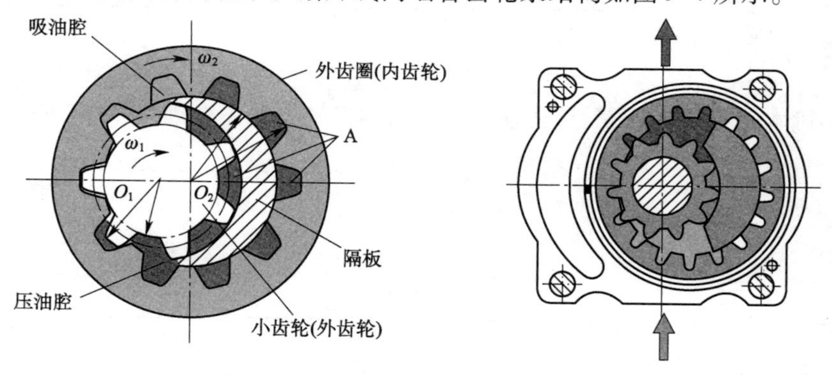

图 9-4　渐开线内啮合齿轮泵结构图

在渐开线内啮合齿轮泵中,内外齿轮间隔着一层月牙板,将吸油腔和压油腔隔开。内外齿轮偏心放置,渐开线内啮合齿轮中小的外齿轮是主动轮,内齿圈是从动轮。其工作原理也是齿轮脱开侧吸油,齿轮进入啮合侧压油。内啮合齿轮同样存在困油现象、径向力不平衡、泄漏等问题。

(2)摆线式内啮合齿轮泵。摆线式内啮合齿轮泵的结构如图 9-5 所示。

摆线内啮合齿轮泵又称摆线转子泵,这种泵中,内齿轮总是比外齿圈多一个齿,在外齿圈转动带动内齿轮的过程中，总有啮合线将吸、压油区隔开，因此不需要隔板将吸压油口隔开。

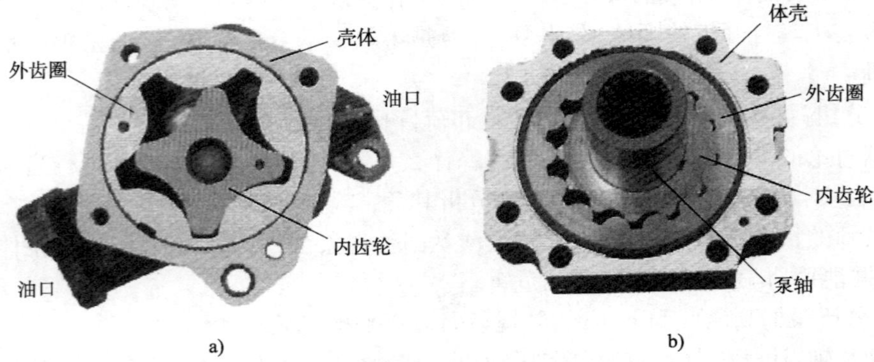

图 9-5　摆线式内啮合齿轮泵结构图

四　评价与反馈

1 自我评价

(1)通过本学习任务的学习，回答下列问题：

①什么是困油现象？＿＿＿＿＿＿＿＿＿＿＿＿＿＿＿＿＿＿＿＿。

②什么是径向不平衡力？＿＿＿＿＿＿＿＿＿＿＿＿＿＿＿＿＿＿。

③泵的泄漏途径都有哪些？＿＿＿＿＿＿＿＿＿＿＿＿＿＿＿＿＿。

④内啮合齿轮泵有哪两种齿形？＿＿＿＿＿＿＿＿＿＿＿＿＿＿＿。

(2)在完成实训任务的过程中使用了哪些实训器材？还可以开发新的器材吗？

＿＿＿＿＿＿＿＿＿＿＿＿＿＿＿＿＿＿＿＿＿＿＿＿＿＿＿＿＿＿。

(3)实训过程完成情况如何？

＿＿＿＿＿＿＿＿＿＿＿＿＿＿＿＿＿＿＿＿＿＿＿＿＿＿＿＿＿＿。

(4)通过本学习任务的学习，你认为自己的知识和技能还有哪些欠缺？

＿＿＿＿＿＿＿＿＿＿＿＿＿＿＿＿＿＿＿＿＿＿＿＿＿＿＿＿＿＿。

签名：＿＿＿＿＿＿　＿＿＿＿年＿＿月＿＿日

2 小组评价(表 9-1)

小组评价表　表 9-1

序号	评价项目	评价情况
1	着装是否符合要求	
2	是否能合理规范地使用仪器和设备	
3	是否按照安全和规范的流程操作	
4	是否遵守学习、实训场地的规章制度	
5	是否能保持学习、实训场地整洁	
6	团结协作情况	

参与评价的同学签名：＿＿＿＿＿＿＿＿＿＿　＿＿＿＿年＿＿月＿＿日

❸ 教师评价

____

____。

教师签名：____________　________年____月____日

五 技能考核标准

根据学生完成实训任务的情况对学习效果进行评价。技能考核标准见表9-2。

技能考核标准表　　表9-2

序号	项目	操作内容	规定分	评分标准	得分
1	外啮合齿轮泵工作原理演示与结构分析	转动泵轴，演示泵的工作原理，分辨吸油口（腔）和压油口（腔）	10分	正确判断了吸油口（腔）和压油口（腔）得10分；判断错误不得分；其他酌情给分	
2		讨论浮动侧板（轴套）上卸荷盲孔和卸荷槽的作用	15分	积极参与讨论，有结果产生，且结果与老师期望的结果接近，得15分；其他情况酌情给分	
3		演示困油现象并分析其危害和解决措施	20分	正确演示并描述了困油现象，正确分析了产生的危害得20分；其他情况酌情给分	
4		分析泵的高压区和低压区，掌握径向力不平衡的定义	15	在泵体上正确地描述了径向不平衡力的产生，得15分；其他酌情给分	
5		分析径向力不平衡的危害和解决措施	15分	正确列举了径向力不平衡的危害，在泵体上正确指出结构上的解决措施得15分；其他情况酌情给分	
6		分析浮动侧板和浮动轴套的作用	10分	正确解释了浮动侧板和浮动轴套的作用得15分；其他酌情给分	
7		指出泵的三条泄漏途径	15分	在实物泵体上正确地指出了外啮合齿轮泵的泄漏途径，并知道各条途径泄漏量的大小得15分；每少一项扣5分	
总分			100分		

项目四　叶片泵的构造与拆装

学习任务10　双联双作用叶片泵的构造与拆装

知识目标

1. 理解部件名称的意义；
2. 理解拆装顺序的原因。

技能目标

1. 会按照正确规范的拆装步骤拆卸和装配双联双作用叶片泵；
2. 能叫出双作用叶片泵每个部件的名称；
3. 能够根据自己的拆装经历写出拆装步骤以及注意事项。

建议课时

4课时。

任务描述

有一台工程机械使用双联双作用叶片泵向系统供应油液。现在发现工作泵输出流量不足,出口压力上不去。经维修师傅判断,可能是配油盘与转子端面接触不良,现在师傅要求你打开双联双作用叶片泵进行检查。

一　理论知识准备

1 双作用叶片泵与单作用叶片泵的定义

叶片泵按照工作原理的不同可以分为单作用叶片泵和双作用叶片泵。单作用叶片泵是指密封工作容积的转子旋转一圈的过程中，吸压油一次。双作用叶片泵，指密封工作容积在转子转一圈的过程中，吸压油两次。单作用叶片泵一般是变量泵，双作用叶片泵一般是定量泵。

2 双联双作用叶片泵的原理

双联双作用叶片泵由两个单联双作用叶片泵装在同一个泵体内组成，两个叶片泵油路并联，吸油口可以连接在一起，压油口单独连接和设置。两个单联叶片泵的转子由同一根传动轴通过联轴器一起旋转。双联泵输出的流量可以合并使用，也可以单独向系统供油。

3 双作用叶片泵的结构

双作用叶片泵结构如图 10-1 所示。

叶片泵的四个核心部件是定子、转子、叶片及配油盘。

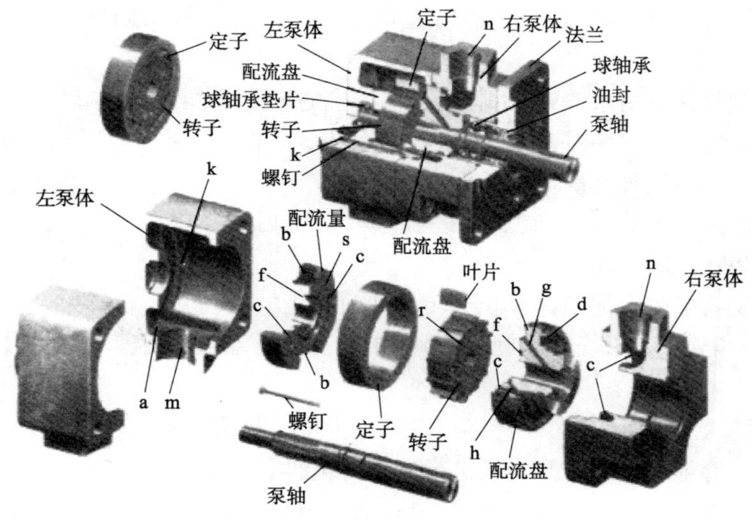

图 10-1　双作用叶片泵结构

二　任务实施

1 准备工作

(1)布置并准备拆装工作台及拆装工具各 4 台套。

(2)配套双联双作用叶片泵 4 只。

(3)准备柴油一桶、空气压缩机一台、油盆 4 只、手套若干、洗手液、更换的密封件等。

(4)分好小组，准备好小组学习工作页。

2 技术要求与注意事项

(1)拆卸双作用泵之前要准备好拆装场地，清除外部油渍脏物，保护好进、出油口。

(2)分清泵的前端和后端，注意观察拆装顺序。

(3)按照工具选用的原则，选取适当的工具，工具按照要求放在指定位置，并放置整齐，严禁暴力拆卸。

(4)拆卸下的零部件进行清洗和吹干后按照装配顺序整齐码放;并根据师傅的判断更换相关零部件。

(5)先进行前后泵芯组件的部装,部装中要注意转子和叶片的装配方向。然后再进行整个双联泵的装配,严禁暴力装配。

(6)装配好之后转动泵轴,前后泵应能灵活转动。

3 操作步骤

(1)观察教师的拆装示范并做记录。拆装步骤如下:

第一步,清洗双作用叶片泵外部泥渣,封闭进出油口,并在双联叶片泵的前后泵体连接处做好标记。

第二步,用三角拉马拆下双作用叶片泵前端的皮带轮。

第三步,拆卸下泵的连接支架和泵轴前端的油封盖。

第四步,用内六角扳手对角拆下前泵,取出输入轴、前泵芯组件中的配油盘、定子和转子。

第五步,对角拆下后泵盖,取出后泵芯组件中的定子、转子和配油盘。

第六步,清洗各零部件并吹干,然后将前泵盖、泵体及后泵盖等所拆零部件按照装配顺序摆放好,并更换经师傅确认的零部件。

第七步,根据进出油口判断输入轴的旋向,装配后泵体中配油盘、定子、转子和后泵盖;注意转子和叶片的方向。

第八步,装前泵体内配油盘、定子、转子和前泵盖。

第九步,装配输入轴,确保轴旋转顺利,然后装前泵盖、油封盖。注意油封盖的密封口朝里。

第十步,装入支架,拧紧螺栓将半圆键和皮带轮一起装入。

第十一步,清理现场,整理工具,进行试验台试验。

(2)练习装配前后泵芯组件。装配前后泵芯组件时,要注意区分前泵芯组件还是后泵芯组件,轴的旋向是左旋还是右旋,条件不同,装配时的方向是不同的。

(3)说出每个部件的名称。

(4)拆卸和装配整个双联双作用叶片泵。

(5)根据拆装经历写出拆装步骤以及注意事项。

三 学习扩展

1 双作用叶片泵特点

双作用叶片泵由于其排量不可调节,因此是定量泵。双作用叶片泵定子中心和转子中心同心,配油盘上有两个吸油窗口和两个压油窗口,且呈现对角对称布置,因此作用在转子上的径向力平衡,且运转平稳,输油量均匀,噪声小,但是双作用泵自吸能力差,对油液污染敏感。

双作用叶片泵又称为平衡式叶片泵,这种泵大大改善了轴和轴承的受力情况,可以提高输出压力,双作用叶片泵输出压力可达到16MPa以上。

❷ 叶片泵的符号编码

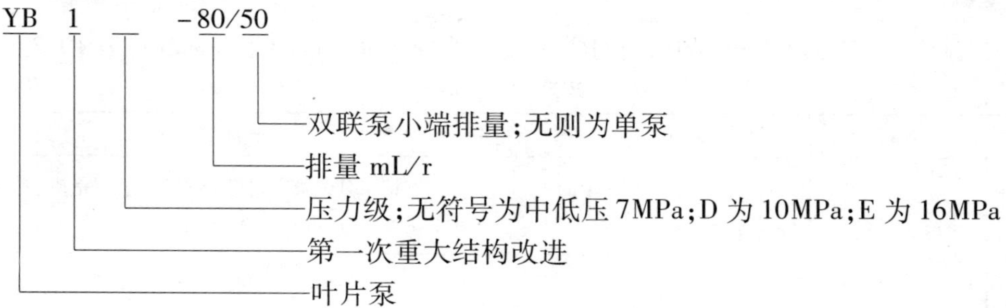

四 评价与反馈

❶ 自我评价

(1)通过本学习任务的学习你是否已经知道以下问题:

①什么是双作用叶片泵? ________________________________。

②什么是双联叶片泵? ________________________________。

(2)在双联双作用叶片泵的拆装过程中使用了哪些工具和设备?

____。

(3)拆装实训过程完成情况如何?

____。

(4)通过本学习任务的学习,你认为自己的知识和技能还有哪些欠缺?

____。

签名:____________　________年____月____日

❷ 小组评价(表 10-1)

小组评价表　表 10-1

序号	评价项目	评价情况
1	着装是否符合要求	
2	是否能合理规范地使用仪器和设备	
3	是否按照安全和规范的流程操作	
4	是否遵守学习、实训场地的规章制度	
5	是否能保持学习、实训场地整洁	
6	团结协作情况	

参与评价的同学签名:____________________　________年____月____日

❸ 教师评价

____

____。

教师签名:____________　________年____月____日

五 技能考核标准

根据学生完成实训任务的情况对学习效果进行评价。技能考核标准见表 10-2。

技能考核标准表 表 10-2

序号	项目	操作内容	规定分	评分标准	得分
1	双联双作用叶片泵的构造与拆装	观察并记录教师演示的拆装过程	15 分	有记录且记录完整得 15 分;记录不完整的酌情给分;没有记录,不得分	
2		练习装配前后泵芯组件	20 分	独立并正确地装配前泵芯组件和后泵芯组件,得 20 分;装配有错误的,酌情扣分	
3		指认出双联双作用叶片泵各零部件的名称	15 分	准确地指认出了每一个零部件的名称,得 15 分,叫错一个零部件扣 2 分	
4		拆卸和装配整个双联双作用叶片泵	30 分	规范安全地拆卸和装配了整个双联双作用叶片泵得 30 分,其他情况酌情给分	
5		撰写拆装步骤和注意事项	20 分	撰写拆装步骤和注意事项完整、准确,得 20 分;不完整、不准确酌情扣分	
总分			100 分		

学习任务 11 双作用叶片泵工作原理与结构分析

知识目标

1. 能理解容积泵的工作原理;
2. 能掌握叶片泵定子、转子、配油盘以及叶片之间的结构关系;
3. 能理解提高叶片泵工作压力在结构上所采取的一些措施。

技能目标

1. 能够在实物上指出叶片泵工作容腔的形成;
2. 会在实物上演示双作用叶片泵的工作原理;
3. 能够描述核心部件的构造特点。

建议课时

2 课时。

通过双联双作用叶片泵的拆装,对双作用叶片泵的结构有了初步的认知。那么双作用泵到底是如何完成吸油和压油的?叶片泵的结构是如何来保证吸压油的连续进行的呢?搞清楚这些问题对于维修双作用叶片泵具有指导意义。

一　理论知识准备

双作用叶片泵工作原理如图 11-1 所示。

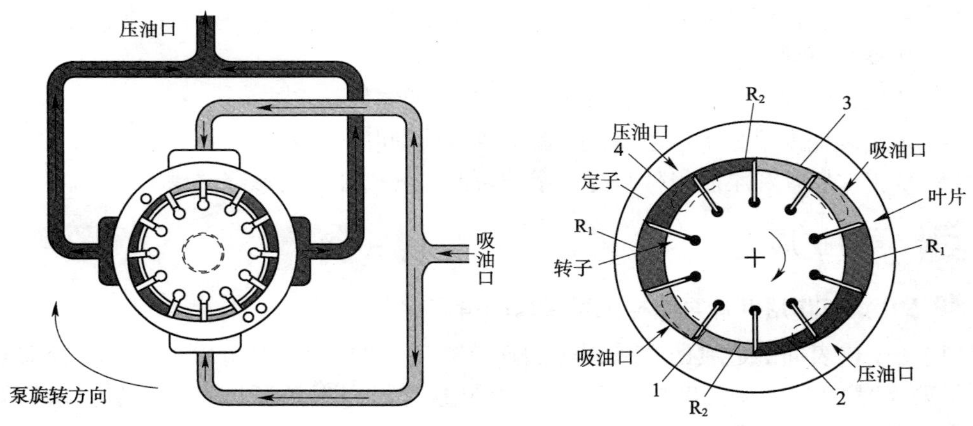

图 11-1　双作用叶片泵工作原理

双作用叶片泵由定子、转子、叶片和配油盘等核心部件组成,定子和转子同心。转子的外表面是圆弧,定子的内表面呈近似椭圆的形状,由 4 段曲线组成,两段大圆弧 R2、两段小圆弧 R1 和四段过渡曲线(1、2、3、4)。配油盘上开 4 个配油窗口,两个吸油窗口,两个压油窗口,吸油窗口与吸油口相通,压油窗口与压油口相通。

当转子顺时针转动时,装载叶片槽内的叶片在离心力和压力油的作用下,顶部紧贴在定子内表面上。这样定子、转子、叶片、配油盘便构成多个容积可变的密闭工作腔。这个密闭工作腔就是叶片泵的工作容积,这个工作容积随着转子的转动有规律的增大和缩小。工作容积增大,吸油;工作容积减小,压油。在右上角和左下角处密封工作腔的容积逐渐增大,为吸油区;在右下角和左上角处密封工作腔的容积逐渐减小,为压油区。吸油区和压油区之间有一段封油区将它们隔开,配油盘的一圈共 4 个封油区。

转子每转一周,每一叶片往复滑动两次,每个密闭工作容腔的容积循环两次,进行两次变大和变小,完成泵的作用,称为双作用式叶片泵。另外泵的两两进油腔和出口压油腔是径向对置的,所以转子是液压平衡的,轴承不承受液压载荷,可保证长寿命。

二　任务实施

1 准备工作

(1)准备单联双作用叶片泵 4 ~ 6 只。

(2)分好小组,准备好小组学习工作页。

2 技术要求与注意事项

(1)双作用叶片泵只需打开前盖和配油盘。

(2)在实物上演示双作用叶片泵的工作原理。

(3)在实物上分析双作用叶片泵各核心部件的结构特点。

(4)在实物上演示和分析各核心组件之间的配合关系。

(5)分析泄油环槽和三角形燕尾槽的作用。

3 操作步骤

(1)用单联双作用叶片泵演示双作用泵的工作原理,并指出工作容腔的形成。

(2)从泵芯组件的装配分析定子的结构特点。

(3)从工作原理入手分析配油盘、转子和叶片的结构特点。

(4)再从装配入手分析定子、转子、配油盘、叶片间的配合关系。

(5)从工作原理和泵芯组件装配入手分析泄油环槽和三角形燕尾槽的作用。

三 学习扩展

1 YB 型双作用叶片泵结构上所采取的措施

(1)定子内表面的过渡曲线采用等加速等减速曲线,叶片在甩出去的时候径向是等加速运动,叶片在收回来的时候是等减速运动,这样可以保证双作用叶片泵获得较大的流量。

(2)配油盘的中间开设有环槽,其作用是保证叶片在离心力的作用下甩出去时,叶片底部也同时引入压力油,使叶片顶部与定子内表面紧密接触,保证泵的径向密封;同时这个环槽还可以在叶片往回缩的时候,叶片根部的油液通过环槽卸荷。

(3)叶片槽一般不是径向开设,而是与转子旋转方向后倾一个角度,这样叶片不会卡死,另外,叶片顶部一般是加工有弧度,有弧度的一边在装配时跟转子的旋转方向相反。

(4)配油盘的吸压油窗口之间有一段封油区,封油区所对应的夹角要大于转子上叶片槽的夹角,这样才可以保证双作用泵在工作的时候吸压油区之间不互通,叶片泵可以连续泵油。

(5)在配油盘的压油窗口上开设三角形的卸荷槽,也称燕尾槽,这个槽可以起到缓冲油压的作用,能够有效避免从吸油区向压油区过渡时因压力突变引起的冲击和噪声。

2 泵芯组件各部件间的配合关系

(1)定子与配油盘的配合关系。定子的内圈由 8 段曲线组成,两段大圆弧、两段小圆弧、四段过渡曲线;配油盘的表面由 8 个区域形成,2 个吸油窗口、2 个压油窗口、4 段过渡曲线。定子与配油盘的配合关系是过渡曲线段对应的是配油窗口,圆弧段对应的是封油区。

(2)转子、叶片与定子的配合。转子与定子同心装配,转子的安装有两种方式:一种是转子的叶片槽倾斜方向与转子的旋转方向一致,这称为转子的正装法;另一种是转子的叶片槽倾斜方向与转子的旋转方向相反,这称为转子的反装法,转子的反装在实际中效果更好。

四 评价与反馈

1 自我评价

(1)通过本学习任务的学习你是否已经知道以下问题:

①双作用叶片泵是如何工作的? ________________。

②双作用叶片泵的结构特点是什么? ________________。

(2)双联双作用叶片泵在安装时要注意哪些因素?

________________。

(3)实训过程完成情况如何?

________________。

(4)通过本学习任务的学习,你认为自己的知识和技能还有哪些欠缺?

________________。

签名:________　________年____月____日

2 小组评价(表11-1)

小组评价表　　表11-1

序号	评价项目	评价情况
1	着装是否符合要求	
2	是否能合理规范地使用仪器和设备	
3	是否按照安全和规范的流程操作	
4	是否遵守学习、实训场地的规章制度	
5	是否能保持学习、实训场地整洁	
6	团结协作情况	

参与评价的同学签名:________________　________年____月____日

3 教师评价

____

________________。

教师签名:________　________年____月____日

五 技能考核标准

根据学生完成实训任务的情况对学习效果进行评价。技能考核标准见表11-2。

技能考核标准表　　表11-2

序号	项目	操作内容	规定分	评分标准	得分
1	双作用叶片泵工作原理与结构分析	在实物上演示双作用叶片泵工作原理,并指出工作容腔	20分	正确演示了双作用泵的工作原理得10分;正确地指出了单个工作容腔的形成得5分;正确地数出了工作容腔的个数,得5分	

续上表

序号	项目	操作内容	规定分	评分标准	得分
2	双作用叶片泵工作原理与结构分析	分析定子的结构特点	10分	正确陈述了定子的结构特点得10分,陈述错误酌情扣分	
3		分析配油盘、转子和叶片的结构特点	20分	结合实物正确描述了配油盘、转子和叶片的结构特点得20分	
4		从装配入手分析定子、转子、配油盘及叶片间的配合关系	20分	结合实物正确地指出定子、转子及配油盘间的配合关系得20分;其他酌情扣分	
5		分析泄油环槽的作用	15分	正确完整地描述了泄油环槽的作用得15分	
6		分析三角形燕尾槽的作用	15分	正确完整地描述了三角形燕尾槽的作用得15分;作用描述不完整的酌情扣分	
总分			100分		

学习任务12 认识单作用叶片泵

知识目标

1. 理解单作用叶片泵工作容腔的形成以及工作原理;
2. 掌握单作用叶片泵定子、配油盘的结构特点。

技能目标

1. 会演示单作用叶片泵的工作原理;
2. 会拆装单作用叶片泵;
3. 会依次分析单作用叶片泵的结构特点;
4. 会比较单作用叶片泵与双作用叶片泵的结构及原理上的不同。

建议课时

2课时。

任务描述

试验室中基本型试验台的压力升不上来,调节溢流阀都没有变化。据维修师傅初步判断,可能是试验台的主泵出现了问题。现在师傅要求你将这台单作用叶片泵拆卸,检查清洗这台叶片泵,并判断泵是否出现了问题。

一 理论知识准备

单作用叶片泵结构如图 12-1 所示。

单作用叶片泵的核心部件是定子、转子、叶片和配油盘。定子的内表面和转子的外表面均是圆弧形状,转子中心固定,转子中心可自由移动,定子和转子中心有一定的偏心距 e,偏心距 e 可调节大小。叶片装在转子上开设的叶片槽内,可自由伸缩。

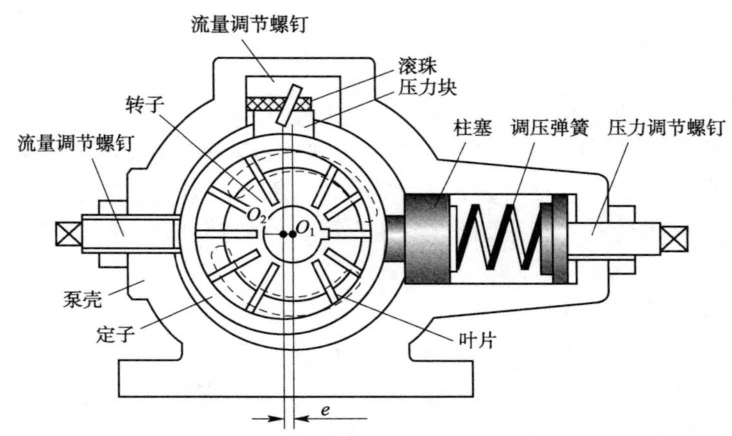

图 12-1　单作用叶片泵结构图

泵轴转动,带动转子转动,在转子转动时离心力的作用以及通入叶片根部压力油的作用下,叶片被甩出紧贴在定子的内表面上,这样相邻两叶片、配油盘、定子和转子间便形成工作容腔。工作容腔增大时,吸油;工作容腔减小时,压油。单作用叶片泵由定子与转子间的偏心距来实现工作容腔的大小变化,因此,在转一圈的过程中,工作容腔大小只变化一次,只完成一次吸油和压油,因此称为单作用叶片泵。

二 任务实施

1 准备工作

(1)准备单作用叶片泵 4 只,配套的实训工作台 4 台。

(2)准备拆装配套的工具 4 套。

(3)准备学习任务工作页。

2 技术要求与注意事项

(1)拆卸单作用泵之前要准备好拆装场地,清除外部油渍脏物,保护好进、出油口。

(2)观察泵的外部,做好各连接面的标记,然后选取适当的工具,工具按照要求放在指定位置,并放置整齐,严禁暴力拆卸。

(3)拆卸下的零部件进行清洗和吹干后按照装配顺序整齐码放;并根据师傅的判断更换相关零部件。

(4)装配时要注意转子和叶片的装配方向,严禁暴力装配。

(5)装配好之后转动泵轴,泵应能灵活转动。

3 操作步骤

(1)拆卸单作用叶片泵,说出各部件名称。拆卸单作用叶片泵步骤如下:

第一步,松开压力调节螺钉,依次取出限压座盖、调压弹簧、弹簧座以及限位支承套。

第二步,松开流量调节螺钉,依次取出控制活塞等。

第三步,松开噪声调节螺钉,拆下滑块压盖、取出上滑块、滚针和下滑块。

第四步,拆卸泵体端盖固定螺钉,打开泵体,取出定子、转子传动轴组件以及配油盘、定位销等部件。

第五步,分解转子传动轴组件,依次取下转子叶片总成。

第六步,清洗各组成部件,在师傅的指导下更换各相关部件,然后指认每个部件的名称。

第七步,按照记号装配泵体与泵前盖,然后装入配油盘、定位销等组件。

第八步,装入转子传动轴组件,将平键装入转子传动轴,依次装入叶片总成,用卡簧钳装入卡簧。

第九步,将隔套圈及侧板装入泵体。

第十步,按记号将后端盖与泵体装在一起,拧紧螺钉。

第十一步,依次装入下滑块、滚针、上滑块、上盖板,拧紧固定螺钉。

第十二步,依次装入活塞、活塞压盖,拧紧固定螺钉。

第十三步,依次装入限位支承套、弹簧、弹簧座、限压座盖,拧紧固定螺钉。

(2)在实物上演示单作用叶片泵工作原理。将单作用叶片泵打开前盖,转动泵轴,以一个工作容腔为例来演示单作用叶片泵的工作原理。

(3)分析比较单作用叶片泵与双作用叶片泵工作原理的不同。实物演示比较单作用叶片泵与双作用叶片泵工作原理的相同之处与不同之处。

(4)分析单作用叶片泵定子、转子以及配油盘的结构特点。结合实物,分析单作用叶片泵定子、转子以及配油盘的结构特点。

(5)比较单作用叶片泵与双作用叶片泵结构特点的不同。结合实物,各小组分析定子、转子、叶片和配油盘的结构特点,注意从工作原理和装配关系的角度来分析。

三 学习扩展

1 单作用叶片泵的变量原理

以外反馈限压式变量叶片泵为例说明单作用叶片泵的变量原理,如图 12-2 所示。

单作用叶片泵转子中心与定子中心有偏心距,改变此偏心距的大小就可以改变单作用叶片泵的输出排量,从而实现变量。

其变量原理是,从泵的出口引入一股压力油,利用其压力的反馈作用来自动调节偏心距 e 的大小,从而对泵出口流量进行调节。如图 12-2 所示,在限压弹簧的作用下,定子被推向右边,此时的偏心量为最大,此最大偏心量由流量调节螺钉来调节。泵体内部有一流道将压油口的油液引入到右边的柱塞腔内,并作用在柱塞的端面上,对柱塞产生一向左的作用力，此力与泵左端弹簧产生的弹簧力相平衡。

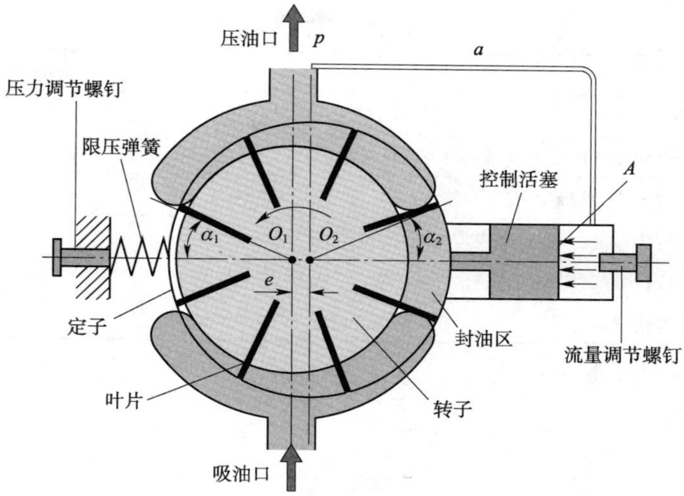

图 12-2　单作用叶片泵工作原理

当泵在限压压力范围内工作时，此偏心量不变，泵在最大流量下工作。随着外负载的加大，泵出口的压力不断升高，当压力超过限压压力 P_b 时，这时弹簧被压缩，定子左移，偏心量减小，泵的输出流量减小，泵的压力越高，偏心量越小，泵的流量也越小。

由于是从泵出油口外部通道引入反馈压力油自动调节偏心距，所以叫“外反馈”泵。

2 单作用叶片泵的特点

与双作用叶片泵相比，单作用叶片泵的叶片数一般是奇数，双作用叶片泵的叶片数一般是偶数。

限压式变量叶片泵常用于执行元件需要有快、慢速运动的液压系统中，可以降低功率损耗、减少油液发热，简化油路，节省液压元件。

四 评价与反馈

1 自我评价

（1）通过本学习任务的学习，回答下列问题：

①单作用叶片泵有什么样的结构特点？________________。

②单作用叶片泵的变量原理是怎样的？________________。

（2）在完成实训任务的过程中使用了哪些工具来进行拆装？

________________。

（3）实训过程完成情况如何？

________________。

（4）通过本学习任务的学习，你认为自己的知识和技能还有哪些欠缺？

________________。

签名：__________　　________年____月____日

❷ 小组评价(表 12-1)

小组评价表　　表 12-1

序号	评价项目	评价情况
1	着装是否符合要求	
2	是否能合理规范地使用仪器和设备	
3	是否按照安全和规范的流程操作	
4	是否遵守学习、实训场地的规章制度	
5	是否能保持学习、实训场地整洁	
6	团结协作情况	

参与评价的同学签名:____________________　________年____月____日

❸ 教师评价

____

____。

教师签名:____________　________年____月____日

五 技能考核标准

根据学生完成实训任务的情况对学习效果进行评价。技能考核标准见表 12-2。

技能考核标准表　　表 12-2

序号	项目	操作内容	规定分	评分标准	得分
1	单作用叶片泵的构造特点、拆装与工作原理	拆卸限压式单作用叶片泵 识别拆下的部件名称	30 分	选用了恰当的工具按正确的步骤拆卸限压式单作用叶片泵得 20 分; 正确识别了各部件的名称得 10 分	
2		在实物上演示单作用叶片泵的工作原理,体会单作用叶片泵工作原理	15 分	在实物上正确演示并描述了单作用叶片泵的工作原理得 15 分;其他酌情扣分	
3		结合实物分析比较单作用叶片泵与双作用叶片泵工作原理的相同与不同	15 分	结合实物列举出了单作用叶片泵与双作用叶片泵工作原理的不同之处与相同之处得 15 分,少列举一项扣 3 分	
4		结合实物分析单作用叶片泵定子、转子以及配油盘的结构特点	20 分	结合实物正确指出定子、转子及配油盘的特点得 20 分,每少一项扣 5 分	
5		结合实物,列表比较单作用泵与双作用泵结构特点的不同	20 分	结合实物正确地指出单作用泵与双作用泵结构特点的不同得 20 分	
总分			100 分		

项目五　柱塞泵的构造与拆装

学习任务13　固定斜盘式轴向柱塞泵的构造与拆装

知识目标

1. 掌握斜盘式轴向柱塞泵的结构组成；
2. 充分理解柱塞泵的工作原理；
3. 分析核心部件的构造与作用。

技能目标

1. 会按照正确规范的拆装步骤拆卸和装配固定斜盘式轴向柱塞泵；
2. 能说出柱塞泵每个部件的名称；
3. 能在实物上指出工作容腔的形成；
4. 能对固定斜盘式轴向柱塞泵演示工作原理。

建议课时

4课时。

任务描述

实训室中采购了一批废旧的固定斜盘式轴向柱塞泵。现在师傅要确定这批泵哪些是好的，哪些是有故障的。请你在师傅的指导下，清理拆装这批固定斜盘式轴向柱塞泵。

一 理论知识准备

1 柱塞泵的分类

柱塞泵是容积泵，利用柱塞在缸体的柱塞孔中作往复运动时产生的容积变化来进行工作的。柱塞泵的特点是泄漏小，容积效率高，输出压力高，一般用作高压泵。

图 13-1 斜盘式轴向柱塞泵

根据柱塞分布方向与轴线方向的关系不同，柱塞泵可以分为轴向柱塞泵和径向柱塞泵。轴向柱塞泵又可以分为斜盘式轴向柱塞泵和斜轴式轴向柱塞泵.

轴向柱塞泵柱塞的轴线与缸体的轴线平行。

径向柱塞泵柱塞的轴线与缸体的轴线垂直。

斜盘式轴向柱塞泵外观如图 13-1 所示。斜轴式轴向柱塞泵外观如图 13-2 所示。径向柱塞泵外观如图 13-3 所示。

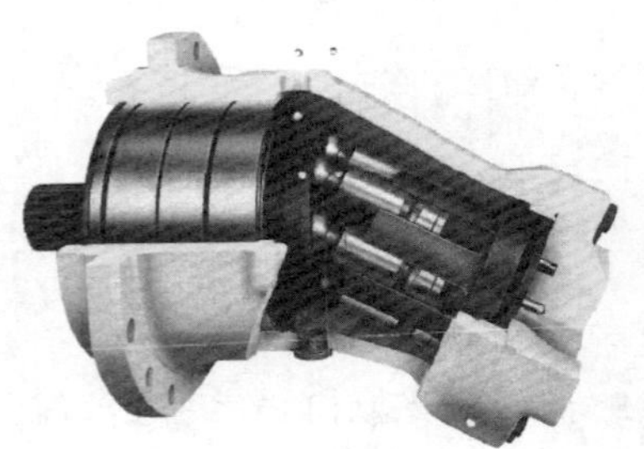
图 13-2 斜轴式轴向柱塞泵

图 13-3 径向柱塞泵

2 固定斜盘式轴向柱塞泵工作原理

固定斜盘式轴向柱塞泵结构及原理如图 13-4 所示。

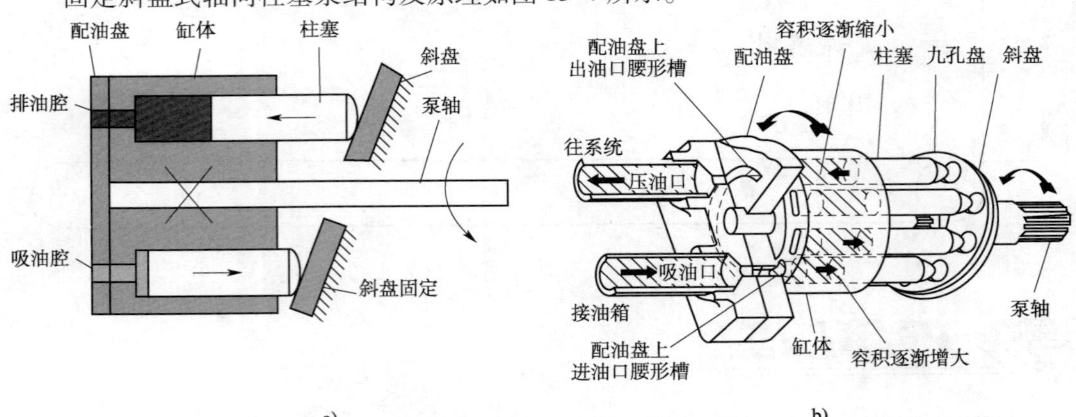

图 13-4 固定斜盘式轴向柱塞泵结构及原理图

固定斜盘式轴向柱塞泵由缸体、柱塞、斜盘、配油盘等核心部件组成。斜盘固定不动，柱塞可在柱塞孔内往复运动。柱塞孔开设在缸体上，沿缸体的圆周均匀分布，一般分布 9

个柱塞孔。柱塞与缸体孔以很精密的间隙配合，缸体与输入轴连接在一起，当泵轴带动缸体一起旋转时，柱塞既能随缸体一起转动，又能在柱塞孔内灵活往复移动，柱塞在缸体内向外伸出时，柱塞与柱塞孔及配油盘围成的工作容积增大，这时候泵通过配油盘的吸油窗口进行吸油；当柱塞转到另外半圈时，柱塞在斜盘角度的作用下，柱塞往回缩，工作容腔体积减小，柱塞泵通过配油盘往外压油。缸体周围分布 9 个柱塞孔，就形成 9 个工作容腔，缸体每转一转，每个柱塞往复运动一次，完成一次压油和一次吸油。缸体连续旋转，则每个柱塞不断吸油和压油，给液压系统提供连续的压力油。

由于斜盘固定，斜盘倾斜角的大小不变，因此，柱塞在柱塞孔中的运动距离不变，因而固定斜盘的柱塞泵就是一个定量柱塞泵。

二 任务实施

❶ 准备工作

（1）布置并准备拆装工作台及拆装工具各 4 台套。

（2）配套固定斜盘式轴向柱塞泵 4 只。

（3）准备柴油一桶、空气压缩机一台、油盆 4 只、手套若干、洗手液、更换的密封件等。

（4）分好小组，准备好小组学习工作页。

❷ 技术要求与注意事项

（1）拆卸轴向柱塞泵之前要清理拆装场地，清除液压泵外部油渍脏物，并封闭保护好进、出油口；在泵的外部结合面做明显的可以区分的标志，但注意，做标记不能损坏泵的外部密封。

（2）选取适当的工具，并放在指定位置，放置整齐，使用完毕的工具要归位。

（3）拆卸下的零部件进行清洗和吹干后按照先后顺序整齐码放。

（4）领取并更换密封件及破损件。

（5）用润滑油涂抹滑动部件及轴承等。

（6）有条件的实训室可以进行台上试验，检查泵是否工作正常。

❸ 操作步骤

（1）观察教师固定斜盘式轴向柱塞泵拆装示范并做记录。拆装步骤如下：

第一步，将轴向柱塞泵抬上拆装台，清理泵外部泥渣，封闭进出油口，并在柱塞泵的外部连接处做好标记。

第二步，观察外部螺栓，选取内六角扳手、两用扳手、穿心起子、橡胶锤等拆装工具。

第三步，按照从前往后、从上往下的原则分解各组成部件。

第四步，清洗各分离部件，并按照拆卸前后顺序摆放整齐。

第五步，在师傅的指导下确定需要更换的部件，并指认各零部件的名称。

第六步，按照与拆卸相反的顺序装配轴向柱塞泵。

第七步，清理现场，整理工具，进行试验台试验。

（2）指认出每个部件的名称。拆卸完毕，将部件摆放整齐，指导学生说出每个部件的名称。

(3)在泵体实物上分析工作容腔的形成和变化过程。引导学生分析泵芯组件的组成，然后分析工作容腔的形成及变化过程，变化过程中油路的流向情况，掌握柱塞泵工作原理。

(4)在实物上演示固定斜盘式轴向柱塞泵的工作原理。转动实物泵体，根据工作容腔的形成和变化过程分析工作原理并演示。判断轴的转向。

(5)分析轴向柱塞泵的结构特点。

三 学习扩展

柱塞泵的主要参数有排量、理论流量与实际流量。

1 排量

柱塞泵转动一圈，每个柱塞吸压油一次，因此，整个泵的排量为：

$$V = (\pi d^2/4)D\ Z\tan\alpha$$

式中：Z——泵的柱塞数目；

D——柱塞直径；

α——斜盘倾角。

因 α 大小固定不变，因此固定斜盘式柱塞泵是定量泵。如果 α 可以改变，柱塞泵就称为变量泵，如果斜盘的倾斜方向可以改变，柱塞泵还可以做成一个双向泵。

2 理论流量与实际流量

$$理论流量\ q_t = (\pi d^2/4)DZ\ n_B \mathrm{tna}\alpha$$

$$实际流量\ q = (\pi d^2/4)DZ\ n_B\eta_B\tan\alpha$$

式中：n_B——泵的转速；

η_B——泵的容积效率。

柱塞泵的容积效率是很高的，达到95% ~98%。

四 评价与反馈

1 自我评价

(1)通过本学习任务的学习你是否已经知道以下问题：

①柱塞泵的核心部件有哪些？________________________________。

②柱塞泵是如何工作的？________________________________。

(2)固定斜盘式轴向柱塞泵的拆装过程使用了哪些工具和设备？

____。

(3)拆装实训过程完成情况如何？

____。

(4)通过本学习任务的学习，你认为自己的知识和技能还有哪些欠缺？

____。

签名：____________　________年____月____日

❷ 小组评价(表13-1)

小组评价表　　表13-1

序号	评价项目	评价情况
1	着装是否符合要求	
2	是否能合理规范地使用仪器和设备	
3	是否按照安全和规范的流程操作	
4	是否遵守学习、实训场地的规章制度	
5	是否能保持学习、实训场地整洁	
6	团结协作情况	

参与评价的同学签名:________________　________年____月____日

❸ 教师评价

____

____。

教师签名:____________　________年____月____日

五　技能考核标准

根据学生完成实训任务的情况对学习效果进行评价。技能考核标准见表13-2。

技能考核标准表　　表13-2

序号	项目	操作内容	规定分	评分标准	得分
1	固定斜盘式轴向柱塞泵的构造与拆装	观看并记录教师的拆装示范过程	10分	记录完整得10分;不记录本项不得分	
2		小组内独立拆装	30分	按照规程正确进行拆装,过程符合安全要求得30分,其他酌情扣分	
3		指认柱塞泵各部件的名称	20分	准确指认出每一个拆装部件的名称得20分,一个部件不能正确指认出扣3分	
4		在实物上分析工作容腔的形成和变化过程	15分	正确描述了工作容腔的形成和变化过程得15分	
5		实物上演示固定斜盘式轴向柱塞泵的工作原理	15分	正确地在实物上演示了柱塞泵的工作原理得15分,其他酌情扣分	
6		分析轴向柱塞泵的结构特点	10分	正确列举了柱塞泵的若干特点得10分,其他酌情扣分	
总分			100分		

学习任务14 K3V型双联轴向变量柱塞泵的构造与拆装

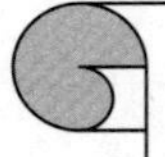

知识目标

1. 掌握柱塞泵的工作特点与原理;
2. 掌握柱塞泵的变量原理及机构。

技能目标

1. 会正确拆卸和装配整个双联轴向柱塞泵;
2. 能准确指认每个部件的名称;
3. 能在斜盘角度变化时分析泵的排量大小变化;
4. 能准确掌握几个关键部件的装配技巧。

建议课时

8课时。

任务描述

某地有一工地,在施工的过程中挖掘机动作无力,泵不出油。维修师傅带着你到了工地现场,在施工方的帮助下,已经将这台挖掘机的主泵吊装下来了,维修师傅也已经与对方商谈好了一切维修事宜,现在师傅要求你将这台K3V型双联轴向变量柱塞泵拆卸,以便进行进一步的判断和维修。

一 理论知识准备

1 K3V型双联轴向变量柱塞泵简介

K3V型双联轴向变量柱塞泵(图14-1)是日本川崎重工生产的双联轴向斜盘式变量柱塞泵,大型国产挖掘机(图14-2)的主泵一般都用此泵。

该泵由前泵,后泵和先导油泵组成。主泵上装有调节器,对泵进行控制。其外形结构如图14-3所示。

前泵和后泵通过花键套连接,动力经弹性联轴器传到泵传动轴,同时驱动两分泵。两泵吸油孔和压油孔位于中泵体的两侧,一个大的公共吸油口向前后泵供油。

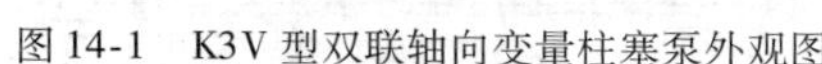

图 14-1　K3V 型双联轴向变量柱塞泵外观图

图 14-2　大型挖掘机

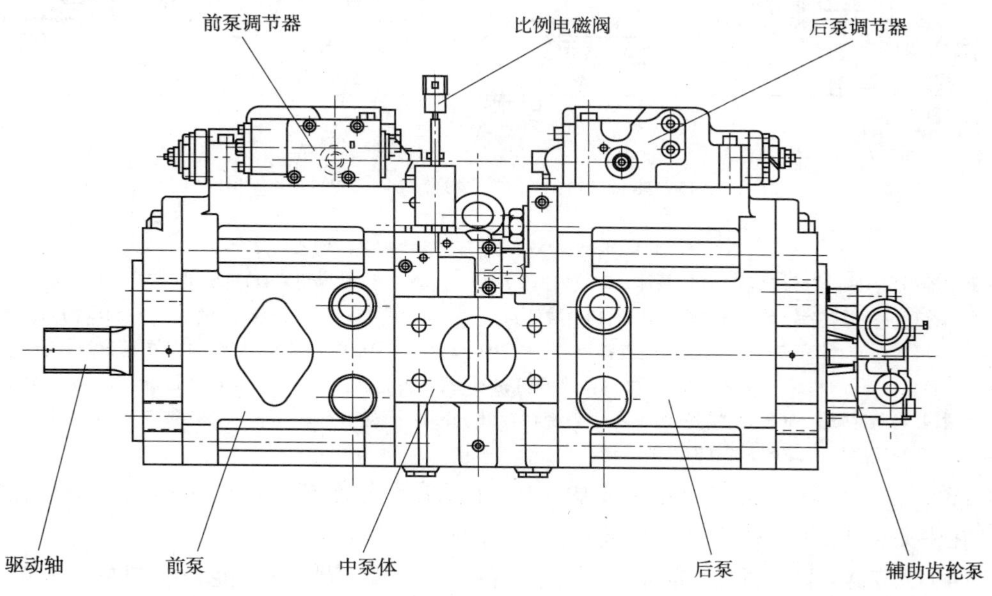

图 14-3　K3V 型双联轴向变量柱塞泵外观结构图

❷ K3V 型双联轴向变量柱塞泵结构

图 14-4 所示为 K3V 型双联轴向变量柱塞泵结构。

主泵主要由转子部分、斜盘部分、配油盘三部分组成。转子部分由缸体和柱塞组成，缸体接受动力作旋转运动，柱塞在缸体中移动。斜盘摆动可改变排量，配油盘可配置吸油和排油。

（1）转子部分。转子部分由传动轴、缸体、柱塞、滑履、球形衬套、垫片和弹簧组成。传动轴由轴承在两端支承。柱塞的球形端与滑履连接，且有小孔将负荷压力油作用在滑履和斜盘底板之间，形成静压力轴承，减小摩擦。柱塞部分由柱塞和滑履组成。由弹簧的推力使缸体和配油盘贴紧。

（2）斜盘部分。斜盘部分由斜盘、底板、斜盘支承、衬套、转销和伺服活塞组成。旋转斜盘是圆柱形，由旋转支承定位。当伺服活塞随调节器控制的液压油进入伺服活塞一侧或两侧的液压腔时，斜盘经转销的球形部分滑过斜盘支承后改变摆角（α）。

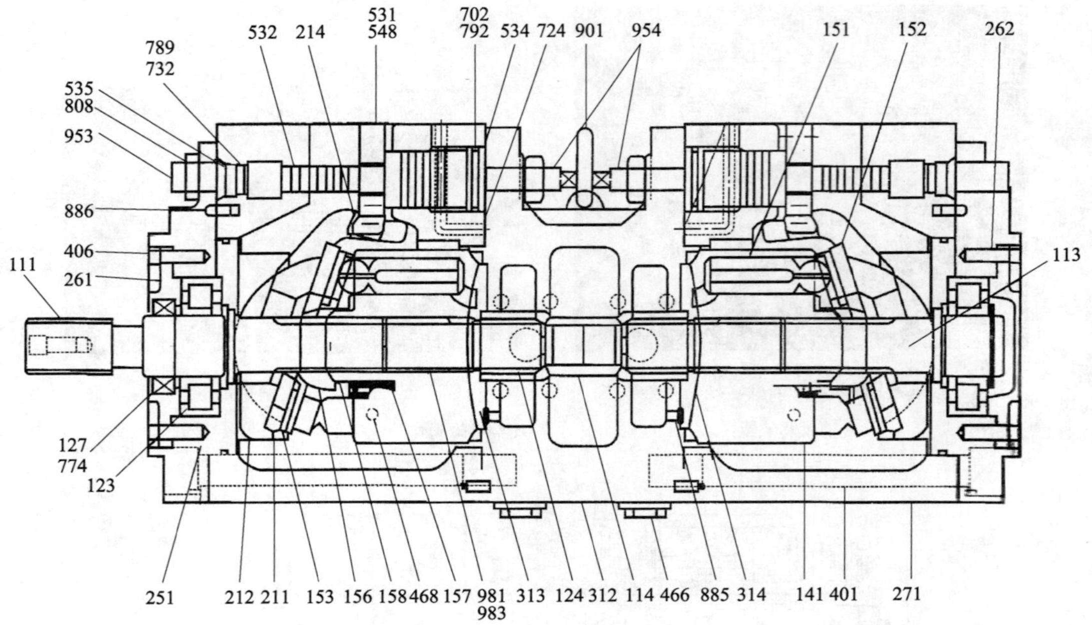

图 14-4　K3V 型双联轴向变量柱塞泵结构图

111-驱动轴(F);156-球形衬套;312-中泵体;534-垫片(L);824-挡圈;127-轴承垫片;113-驱动轴(R);157-油缸弹簧;313-配油盘(R);535-垫片(S);885-配油盘销;141-缸体;114-花键接头;158-垫片;314-配油盘(L);548-挡销;886-弹性销;214-可转衬套;123-滚珠轴承;211-底盘;325-阀体;702-O 形圈;901-螺栓;251-旋转斜盘支承;124-滚针轴承;212-旋转斜盘;401-六角螺钉;732-O 形圈;953-固定螺钉;406-六角头螺栓;151-柱塞;261-密封盖(F);468-VP 螺塞;789-挡圈;954-固定螺钉;466-VP 螺塞;152-板;262-密封盖(R);531-可转销;792-挡圈;981-铭牌;774-油封;153-滑履;271-泵壳;532-伺服活塞;808、809-螺母;983-销

(3)配油盘部分。配油盘部分由中泵体、配油盘和销组成。配油盘有两个肾形孔,该盘装在中泵体上,为缸体供油和排油,并与中泵体上外接口连接。

(4)调节器。两个主泵(前泵和后泵)上各装一个调节器,其功能是控制泵的流量(排量),实现三级功率控制、交叉恒功率控制、负向流量(中位小流量)控制和压力切断控制。

3 K3V 型双联轴向变量柱塞泵工作过程

柴油机的动力经弹性联轴器花键传到泵传动轴使缸体旋转。同时,柱塞在缸体中作往复运动,柱塞从下止点运动到上止点为一个行程。当每个柱塞在朝离开配油盘方向的180°半周内转动时,柱塞从上止点向下止点运动。容积变大,产生一定真空度,把油经配油盘吸油孔吸入实现进油过程,而在其余的半周(180°)旋转中,柱塞将朝配油盘方向运动,即柱塞从下止点向上止点移动,容积变小,把压力油通过配油盘的出油孔排油,实现排油过程。泵的连续旋转,油将不断吸进和排出,完成能量转换,给液压系统提供液压油,推动执行机构(液压马达)或液压缸运动。

泵的排量大小由柱塞行程决定,而行程大小受泵斜盘摆角 α 影响,即泵的斜盘摆角 α 大,则柱塞行程变大,泵的排量增大,反之,泵的斜盘摆角 α 由大变小,则柱塞行程由大变小,泵的排量减小。当摆角 α 为零时,泵为零排量(即排量为零),斜盘摆角 α 由伺服活塞移动而改变,伺服活塞运动受泵调节器控制。

❹ 先导泵

辅助泵给先导系统和控制部分供油，该泵为齿轮泵，齿轮泵上组合有安全阀，确定系统最高主压力。

二 任务实施

❶ 准备工作

(1)布置并准备拆装工作台及拆装工具各4台套。

(2)配套K3V型双联轴向变量柱塞泵4只。

(3)准备柴油一桶、空气压缩机一台、油盆4只、手套若干、洗手液、更换的密封件等。

(4)分好小组，准备好小组学习工作页。

❷ 技术要求与注意事项

(1)拆装前清理场地，清除泵外部脏物，保护进、出油口，做标志，要保证标志的唯一性。

(2)拆卸前要通读维护手册，根据要求选用工具，按程序办理工具领用和归还手续。

(3)拆卸任何部件时，要格外小心，以免损坏，另外注意不要让杂质进入液压泵。

(4)前后泵的组件要分开存放，不要混在一起。

(5)必须修复拆卸时损伤的部件，事先准备好调换所用的零件。

(6)用清洗油洗干净各零部件，经空气吹洁后再进行装配。

(7)活动部分、轴承等处必须涂上清洁的动作油后再装配。

(8)O形圈、油密封等密封部件原则上要进行调换。

(9)各部位的安装螺栓、插销类要用扳手按「维修标准」中的规定力矩旋紧。

❸ 操作步骤

(1)观看K3V型双联轴向变量柱塞泵的拆装视频，并适当记录。

(2)按照分组选取并领用工具进行K3V型泵的拆卸。拆卸步骤见表14-1。

K3V型泵的拆卸步骤　　表14-1

序号	操作内容	注意事项
第一步	选择拆卸场所。	(1)选定整洁干净的场所； (2)为防止部件碰伤，工作台上铺设橡胶板或工作布等
第二步	请用清洗油等去除泵表面的垃圾，锈斑等	
第三步	取下泵壳上的油栓盖(468)抽出泵体内的油	串联型泵，从前泵及后泵的插销口排油
第四步	卸下六角头螺栓(412,413)取下调节器 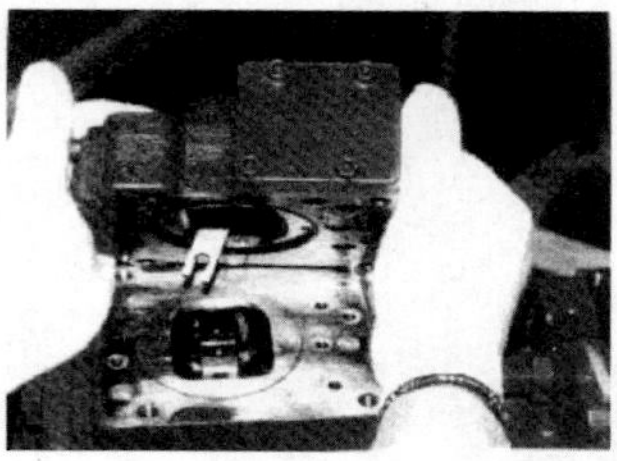	调节器的拆卸请参阅调节器的维修指导

续上表

序号	操 作 内 容	注 意 事 项
第五步	松开固定在旋转斜板支撑板(251)、泵壳(271)、阀体(312)上的六角头螺栓(401)	当泵的后面装有泵的连接件时,先拆下泵的连接件后再进行次项操作
第六步	泵与调节器的安装面向下,水平放在操作台上,拆卸泵壳(217)与阀体(312) 	当调节器的安装面向下时,为防止损伤安装面,操作台上必须铺设橡胶板等
第七步	从泵壳(271)内对准驱动轴将缸体(111)取出,同时取出活塞(151)、压板(153)、球面衬套(156)、油缸弹簧 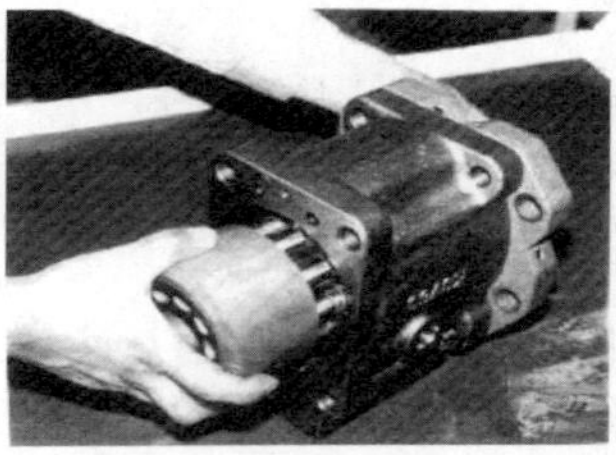	防止碰伤油缸、球面、衬套、导轨、活塞瓦的滑动面
第八步	拆下内六角头螺栓(406),取下密封盖(F)(261) 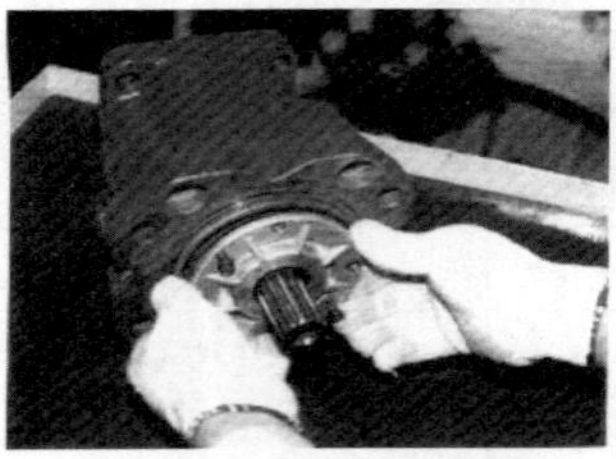	(1)在密封盖(F)的起拔孔内装上起拔螺栓能容易地取出盖板; (2)密封盖(F)装有油密封圈,在拆装时不要损伤油密封圈
第九步	卸下六角头螺栓(408),取下后部盖板(263)	
第十步	轻轻地敲击靠泵一侧的斜板支撑台(251)的凸缘盘,使泵壳与支撑台分离 	

续上表

序号	操 作 内 容	注 意 事 项
第十一步	用塑料锤子等轻轻地敲击传动轴(111,113)的轴端面。从斜板支撑台拔出驱动轴 	
第十二步	从阀体(312)内取出的阀体(313,314) 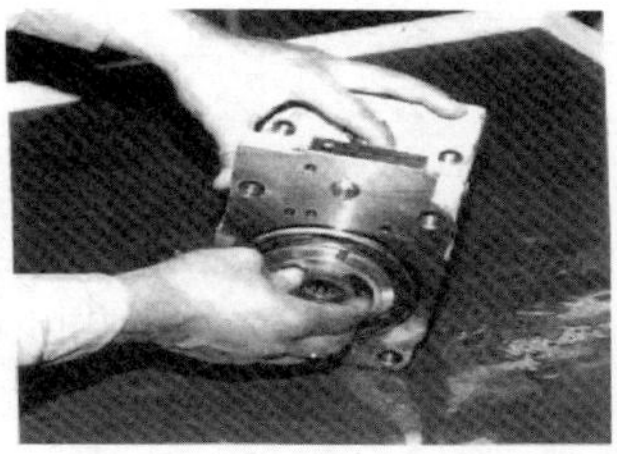	在进行第六步的作业时,往往阀体会脱落
第十三步	有必要时从泵体(271)取出挡块(L)(534)、挡块(S)(535)、辅助活塞(532)、倾斜销(531),另从阀体(312)内取出滚针轴承(124),花键连接轴(114)	(1)在拆倾斜销时,请使用夹具拆卸,以防倾斜销头部受伤; (2)斜销与辅助活塞的嵌合面涂有硬胶,请不要碰伤辅助活塞; (3)滚针轴承除考虑轴承寿命以外尽可能不要拔出; (4)不能松动阀体、斜板支撑台上的六角螺母,否则流量设定会发生变化

(3)对照结构图,指认双联轴向变量柱塞泵各个部件的名称。

(4)分析变量泵的变量机构和变量原理。

(5)关键部件装配要点的练习,具体步骤见表14-2

K3V型泵关键部件装配步骤　　表14-2

序号	操 作 内 容	注 意 事 项
第一步	用锤子轻轻地将旋转斜板支撑台(251)敲入泵壳(271)内安装好 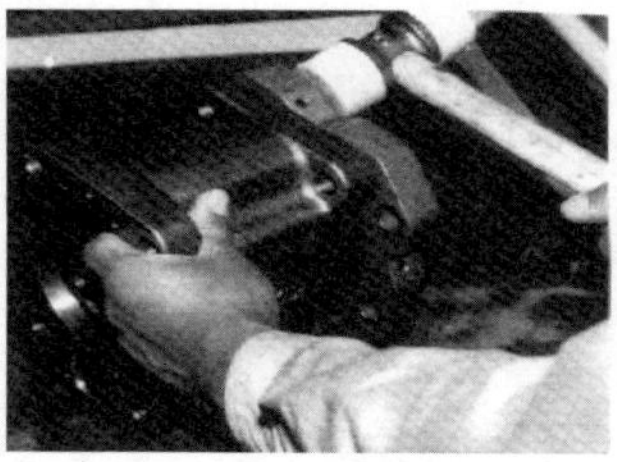	(1)取出辅助活塞、倾转销、挡块(L)、挡块(S)时,预先在泵壳上将这些部件装上; (2)在拧紧辅助活塞及倾转销时,为防止损伤倾转销的顶部及反馈销,操作时请使用夹具以免损伤该部件。另外,螺钉部涂上硬胶(中强度)

续上表

序号	操作内容	注意事项
第二步	泵体与调节器的安装面向下、在倾转销(531)斜板上嵌入衬套,正确地将斜板(212)装入斜板支撑台(251)内 	(1)用双手指尖确认斜板是否灵活转动; (2)斜板、斜板支撑台、传动部位涂上润滑油,以便传动轴的安装
第三步	将已配套好的轴承(123)、轴承挡片(127)、挡环(824)的驱动轴装入斜板支撑台(251)内 	(1)传动轴不能用锤子等敲击; (2)将轴承的外圈用橡胶锤子轻轻地敲击,用铜棒将其彻底地敲入
第四步	将密封盖(F)(261)装入泵壳(271)、用内六角头螺栓(406)固定 	(1)请在密封盖(F)内的油密封上涂上薄薄的润滑油; (2)当心不要碰伤油密封; (3)串联泵的后盖(263)及密封盖(262)按相同的要领装入
第五步	装配好辅助活塞缸体〔油缸(141)、辅助活塞(151,152)、压板(153)、球面衬套(156)、垫片(158)、油缸弹簧(157)〕,将球面衬套与油缸花键轴的位置对准、插入泵壳内 	

续上表

序号	操　作　内　容	注　意　事　项
第六步	将阀快(313)对准销子后装入阀体(312)内	
第七步	将阀体(312)装在壳体(271)上,用内六角头螺栓(401)固定	(1)先装后侧的泵体,作业就比较容易了; (2)请注意阀体的方向不 要装错。 ①右旋转的泵(从输入轴方向看)排出的位置:左侧(调节器的位置:朝上侧) ②左旋转的泵(从输入轴方向看)排出的位置:右侧(调节器的位置:朝上侧)
第八步	倾转销的反馈销夹在调节器的反馈销内,装入调节器,用内六角头螺栓(412,413)固定	请注意不要装错前用与后用的调节器
第九步	装上排油销孔(467)整个操作完成	

(6)撰写拆装步骤和注意事项。

三　学习扩展

❶ 轴向变量柱塞泵上的相对运动摩擦副

斜盘式轴向变量柱塞泵有三对相对运动摩擦副:配油盘与缸体间的相对运动摩擦副;柱塞与柱塞孔间的相对运动摩擦副;滑履与斜盘之间的相对运动摩擦副(图 14-5)。在柱塞头部采用滑履结构,大大改善了柱塞与斜盘的接触情况,同时通过柱塞内部的油道对滑履的球面和平面都进行了很好的润滑,降低了磨损,提高了轴向柱塞泵的压力。

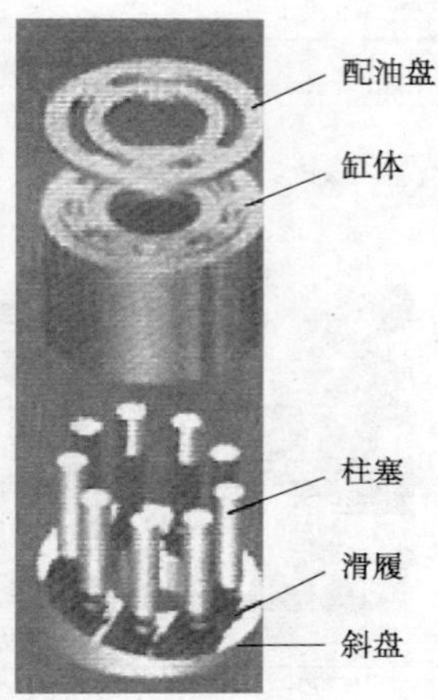

图 14-5　斜盘式轴向变量柱塞泵的三对摩擦副

❷ 中心弹簧的作用

中心弹簧通过球面衬套作用到回程盘上,回程盘将受到的弹簧压力作用到每个滑履上,使滑履始终顶压在斜盘上,而另一头,弹簧压力将缸体的端面顶压在配油盘的端面上,保证配油盘不会脱离缸体,而且,随着泵的工作压力升高,缸体始终受液压力作用紧贴着配油盘,也可以补偿柱塞泵端面的间隙。总之,中心弹簧一方面保证了滑履与斜盘的紧密接触,另一方面也保证了缸体端面与配油盘端面的紧密接触。

❸ 配油盘上三角槽的作用

配油盘三角槽的作用与叶片泵配油盘上三角槽的作用相似,也是用于减缓油压。对于柱塞泵来说,就是减缓柱塞封闭油腔从进油腔转到出油腔压力急剧变化引起的振动、噪声和冲击,保证从吸油窗口能向压油窗口平缓过渡。

四 评价与反馈

❶ 自我评价

(1)通过本学习任务的学习你是否已经知道以下问题:

①双联轴向柱塞泵的工作过程是怎样的?____________________________________。

②双联轴向柱塞泵有什么样的结构特点?____________________________________。

(2)双联齿轮泵拆装过程中用了哪些工具,拆装时要注意什么?

____。

(3)实训过程完成情况如何?

____。

(4)通过本学习任务的学习,你认为自己的知识和技能还有哪些欠缺?

____。

签名:______________　　________年____月____日

2 小组评价(表14-3)

小组评价表　　表14-3

序号	评价项目	评价情况
1	着装是否符合要求	
2	是否能合理规范地使用仪器和设备	
3	是否按照安全和规范的流程操作	
4	是否遵守学习、实训场地的规章制度	
5	是否能保持学习、实训场地整洁	
6	团结协作情况	

参与评价的同学签名：________________　______年____月____日

3 教师评价

____

____。

教师签名：__________　______年____月____日

五　技能考核标准

根据学生完成实训任务的情况对学习效果进行评价。技能考核标准见表14-4。

技能考核标准表　　表14-4

序号	项目	操作内容	规定分	评分标准	得分
1	K3V型双联轴向变量柱塞泵的构造与拆装	观看K3V型双联轴向变量柱塞泵的拆装视频，并记录	10分	记录完整、详细得10分，不记录不得分	
2		选用恰当的工具，正确拆卸K3V型双联轴向变量柱塞泵	30分	拆卸过程工具选用恰当，拆卸过程规范，部件摆放整齐得30分，其他酌情给分	
3		指认出双联轴向变量柱塞泵每个部件的名称	10分	指认出的名称准确、全面得10分，指认错一个扣2分	
4		分析变量泵的变量机构和变量原理	10分	正确指出了变量机构，正确简单地描述了变量原理得10分，其他酌情扣分	
5		装配K3V型双联轴向变量柱塞泵	30分	装配过程规范、完整得30分，其他酌情扣分	
6		撰写拆装步骤和注意事项	10分	拆装步骤描述准确，符合实际情况得10分，其他酌情扣分	
总分			100分		

项目六　执行元件构造、原理与拆装

学习任务15　齿轮马达构造、原理与拆装

知识目标

1. 掌握齿轮马达的工作参数；
2. 理解齿轮马达的工作原理；
3. 理解齿轮泵与齿轮马达工作原理及结构的不同。

技能目标

1. 会拆装齿轮马达；
2. 能说出齿轮马达各部件的名称；
3. 会演示齿轮马达的工作原理；
4. 会比较齿轮泵与齿轮马达的异同。

建议课时

2 课时。

任务描述

实训室新进了一批标签完整的齿轮马达，从外观看，齿轮泵与齿轮马达似乎区别不大，现在师傅要求你拆卸齿轮马达，比较一下齿轮泵和齿轮泵到底有什么不同。

一　理论知识准备

齿轮马达的工作原理如图 15-1 所示。

液压马达是液压系统的执行元件,它的功能是将液体的压力能转化为机械能输出的装置。齿轮马达就是利用齿轮结构将压力能转化为机械能的装置。其工作原理如图15-1所示。

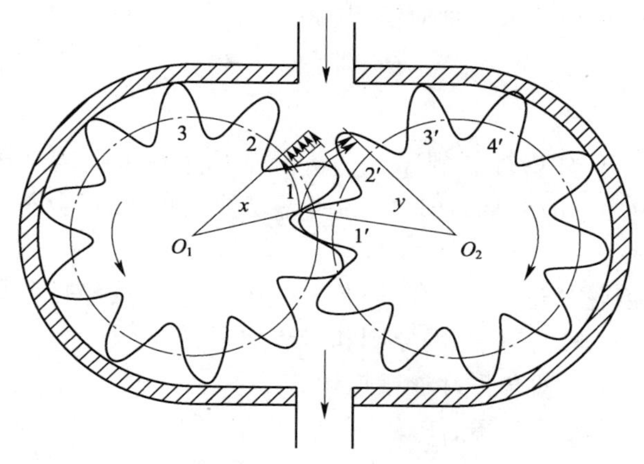

图15-1　齿轮马达工作原理

齿轮马达有两个油腔,即进油腔和出油腔。进油腔由图示的齿1、2、3和齿1′、2′、3′的表面以及泵体和前后端盖围成。当高压油冲入齿轮马达的进油腔之后,作用在进油腔的各齿轮上,有的齿轮受到顺时针方向的作用力,有的齿轮受到逆时针方向的作用力,由于啮合点半径永远小于齿顶圆半径,因而各进油腔各齿轮受到的液压油的合力便作用在齿1和2′的齿面上,产生如箭头所示的不平衡的液压力,该液压力相对于齿轮中心产生转矩,在该转矩的作用下,齿轮马达按照图示方向连续旋转,并输出转矩,驱动外负载转动。随着齿轮的旋转,进油腔的容积不断增大,高压油便不断被吸入,同时,又不断地从出油腔排出。

齿轮马达由于密封性差、容积效率较低、输入油压力不能太高,只能产生较小转矩,因而齿轮马达仅适用于高速小转矩的场合。其速度一般高于500r/min,其转速只与输入流量有关,但输出转矩随外负载的变化而变化。

二　任务实施

1　准备工作

(1)布置并准备拆装工作台及拆装工具各4台套。

(2)配套外啮合齿轮马达4只。

(3)准备柴油一桶、空气压缩机一台、油盆4只、手套若干、洗手液、更换的密封件等。

(4)分好小组,准备好小组学习工作页。

2　技术要求与注意事项

(1)拆卸齿轮马达前清理拆装场地,清除外部油渍脏物,封闭保护进、出油口,同时在齿轮马达的外部找出或者画出拆装标志。

(2)自行选取并领用拆装工具,工具在使用的过程中要规范、文明、安全。

(3)拆卸下的零部件进行清洗和吹干后按照先后顺序整齐摆放。

(4)按照与拆卸顺序相反的过程装配齿轮马达,注意观察密封圈是否有损坏现象,如果有破损要立即更换。

(5)齿轮马达装配好之后,主轴应能灵活转动,不允许有卡阻现象,否则齿轮马达是无法正常工作的。

3 操作步骤

(1)选工具、做标记、分析拆装顺序。先将齿轮马达在地上清理干净,然后再搬上拆装工作台。观察齿轮马达的外部,选取拆卸所需要的工具,然后分析拆卸顺序,根据需要做拆装的标记。

(2)拆卸和装配齿轮马达。各组做好准备工作后,分组按照任务单的要求自行拆卸、清洗和装配外啮合齿轮马达。拆卸的原则和步骤如下:

第一步,用内六角扳手对角拆卸连接螺栓。

第二步,然后再拆卸分离前盖,注意不要损坏结合面。

第三步,依次取出浮动侧板、主从动齿轮、密封圈等零部件。

第四步,清洗并吹干零部件并按照拆卸的先后顺序摆放整齐。

第五步,按照与拆卸相反的顺序装配齿轮马达。

第六步,转动轴调整齿轮马达,整理装配现场。

(3)指认齿轮马达各部件的名称。将齿轮马达重新拆卸,按顺序码放好各零部件,指认每个部件的名称,注意与齿轮泵相关部件名称的相同与不同之处。

(4)演示齿轮马达的工作原理。将齿轮马达前盖拆下,取出浮动侧板或者轴套,露出齿轮和齿轮轴,演示齿轮马达的工作原理,领会齿轮马达能连续工作的原因。

(5)比较齿轮泵与齿轮马达在结构和原理上的区别。拆卸相似结构的齿轮泵,比较齿轮泵和齿轮马达的工作原理的不同;再进行比较齿轮泵与齿轮马达结构的不同。

三 学习扩展

1 液压马达的图形符号

齿轮马达图形符号如图 15-2 所示。

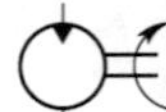

a)单向定量马达　b)单向变量马达　c)双向定量马达　d)双向变量马达

图 15-2　齿轮马达图形符号

2 齿轮马达的结构特点

齿轮马达的结构与齿轮泵是极其相似的,齿轮泵有些情况下,可以当作齿轮马达使用。但是齿轮马达为了满足正反转的要求,在结构上就有一定的特点。

(1)齿轮马达既能正转,也能反转,因而进出油口孔径大小、长短均相等,满足完全对称的要求。

(2)齿轮马达的浮动侧板或轴套、油封的结构都是上下左右完全对称的。

(3)齿轮马达进出两个口均要通压力油,因而不能像齿轮泵那样采用内泄油道将泄漏油引到吸油腔去,而是开设单独的外泄油口将轴承等部位的泄漏油引出齿轮马达壳体外面。

(4)为了减小起动摩擦力矩,采用滚动轴承。

(5)为了减小转矩脉动,齿轮马达的齿数要比齿轮泵的齿数要多。

四　评价与反馈

1 自我评价

(1)通过本学习任务的学习你是否已经知道以下问题:

①齿轮马达是如何工作的?______________________________。

②齿轮马达的结构特点有哪些?______________________________。

(2)外啮合齿轮马达的拆装过程使用了哪些工具和设备?

____。

(3)拆装实训过程完成情况如何?

____。

(4)通过本学习任务的学习,你认为自己的知识和技能还有哪些欠缺?

____。

签名:____________　________年____月____日

2 小组评价(表 15-1)

小组评价表　　表 15-1

序号	评价项目	评价情况
1	着装是否符合要求	
2	是否能合理规范地使用仪器和设备	
3	是否按照安全和规范的流程操作	
4	是否遵守学习、实训场地的规章制度	
5	是否能保持学习、实训场地整洁	
6	团结协作情况	

参与评价的同学签名:________________　________年____月____日

3 教师评价

____

____。

教师签名:____________　________年____月____日

五　技能考核标准

根据学生完成实训任务的情况对学习效果进行评价。技能考核标准见表 15-2。

技能考核标准表 表 15-2

序号	项目	操作内容	规定分	评分标准	得分
1	齿轮马达拆装、构造与原理	选拆装工具、做拆装标记、分析拆卸顺序	15 分	工具选取恰当,拆装标记合理、拆装顺序符合原则得 15 分,其他酌情扣分	
2		独立拆卸和装配齿轮马达	40 分	规范拆卸,清洗吹干并整齐码放零部件、装配顺序正确得 40 分,其他酌情扣分	
3		识别齿轮马达各部件的名称	15 分	正确指认出了每个零部件的名称得 15 分,每错一个扣 3 分	
4		实物上演示齿轮马达的工作原理	15 分	正确演示并描述了齿轮马达的工作原理得 15 分,不会演示不得分	
5		比较齿轮泵和齿轮马达结构和原理上的区别	15 分	正确列举和描述了齿轮泵和齿轮马达的原理和结构上的差异得 15 分,列错一项扣 5 分	
总分			100 分		

学习任务16 柱塞马达构造、原理与拆装

知识目标

1. 掌握轴向定量柱塞马达的工作原理;
2. 掌握轴向定量柱塞马达的结构特点;
3. 理解柱塞马达与柱塞泵的异同。

技能目标

1. 会拆装轴向柱塞定量马达;
2. 会演示轴向柱塞马达的工作原理;
3. 能描述轴向柱塞马达的结构特点。

建议课时

4 课时。

任务描述

某一国产挖掘机的行走系统出现了跑偏的现象,师傅在确诊了故障现象之后,想要拆

卸行走马达检查一下，经确认，行走马达是日本油研品牌的轴向柱塞马达。请你按照师傅的要求拆装这一轴向柱塞马达。

一　理论知识准备

1 轴向柱塞马达的结构

轴向柱塞马达外观如图16-1所示，结构图如图16-2所示。

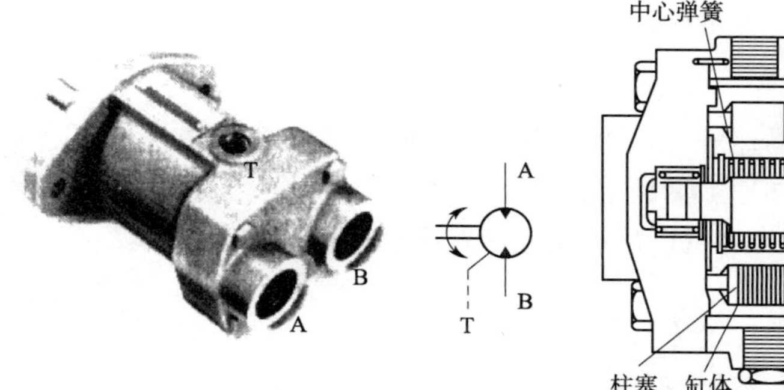

图16-1　轴向柱塞马达外观图　　图16-2　轴向柱塞马达结构图

2 轴向柱塞马达的工作原理

轴向定量柱塞泵和轴向定量柱塞马达从理论上来说可以换用，也就是说两者在结构上可逆。轴向定量柱塞马达的工作原理如图16-3所示。

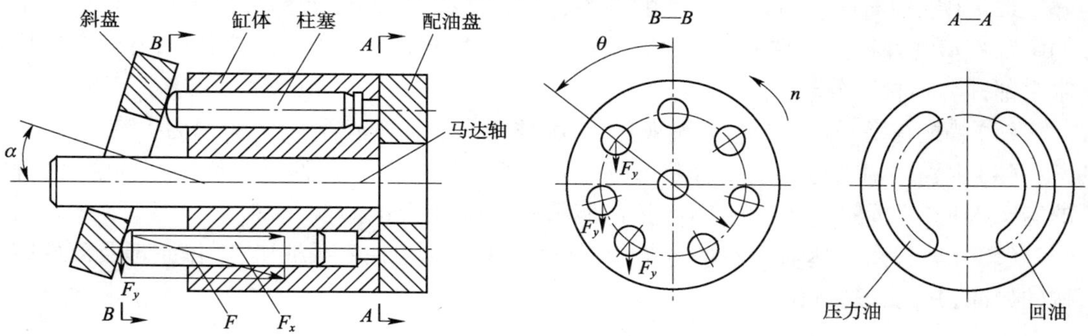

图16-3　轴向定量柱塞马达工作原理图

轴向柱塞马达也是由斜盘、缸体、柱塞、配油盘及轴等核心部件组成，斜盘和配油盘固定不动，缸体与轴连接在一起旋转。当压力油进入柱塞孔时，柱塞在压力油的作用下往外伸，顶在斜盘上，斜盘对柱塞就产生一个法向反力，此法向反力可分解为轴向分力和垂直分力。轴向分力与柱塞底部所受的液压力相平衡，法向分力则使柱塞对缸体中心产生一个转矩，此转矩带动马达轴旋转。所有柱塞对缸体中心产生的转矩和，就使马达轴能够高速连续的旋转。

斜盘倾角的改变就是排量的变化，不仅影响马达的转矩，也影响马达的转速和转向。斜盘倾角越大，产生的转矩就越大，转速就越低。斜盘倾角不变的就是轴向定量柱塞马达。轴向柱塞马达一般都是高速马达，一般通过减速器来带动的工作装置。

二 任务实施

1 准备工作

(1)布置并准备拆装工作台及拆装工具各4台套。

(2)配套轴向定量柱塞马达4只。

(3)准备柴油一桶、气吹一只、油盆4只、手套若干、洗手液、更换的密封件等。

(4)分好小组,准备好小组学习工作页。

2 技术要求与注意事项

(1)拆装前清理场地,清除马达外部脏物,保护进、出油口,做标志。

(2)自行选用工具,按程序办理工具领用和归还手续。

(3)拆卸下的零部件进行清洗和吹干后按照先后顺序整齐码放。

(4)更换密封件。

(5)严禁暴力拆卸和装配。

(6)遇到问题请教指导教师,不得擅自解决。

(7)有条件的实训室可以进行台上试验,检查马达是否工作正常。

3 操作步骤

(1)分组拆卸柱塞马达的部件。分组分配好任务后,自行选取工具,自行做好标记,分析轴向柱塞泵的拆卸顺序进行拆卸。

(2)识别轴向柱塞马达各部件的名称,并与柱塞泵的部件名称进行比较。将拆卸下的零部件清洗并按照既定顺序摆放,摆放好之后,对照结构图,指认部件名称,并注意与柱塞泵部件名称相区分。

(3)装配柱塞马达。分析装配顺序,装配柱塞马达。规范拆装,不得暴力拆装。

(4)识别柱塞马达的工作容腔,并演示柱塞马达的工作原理。引导学生从执行元件的定义入手,分析柱塞马达的工作过程,演示柱塞马达工作原理。

(5)比较柱塞马达与柱塞泵的异同。比较柱塞马达与柱塞泵油口、工作原理及部件结构的异同,并列表进行比较。

三 学习扩展

1 斜轴式轴向柱塞马达

同轴向柱塞泵一样,轴向柱塞马达也分为直轴式和斜轴式。斜轴式轴向柱塞马达如图16-4所示。

斜轴式轴向柱塞马达与柱塞泵结构基本相同,马达缸体相对于轴线摆角固定不变,因此为定量马达。当压力油经配油盘进入柱塞孔后,柱塞底部作用的液压力经球头连杆作用到主轴盘球窝内,它垂直于主轴轴线的分力便对主轴产生转矩,使输出轴旋转并输出转矩。

2 径向柱塞马达

径向柱塞马达是柱塞径向放置的马达,其结构如图16-5所示。它一般是低速大转矩马达。其结构一般是在壳体的周围放射状均匀布置5~7个柱塞缸，柱塞缸中的柱塞通过球铰与连杆相连接。高压油进入油腔后，经过壳体上的槽引到相对应的柱塞缸中去。高压油作用在柱塞顶部，并通过连杆传递到曲轴的偏心轮上。作用在偏心轮上的切向力对曲轴产生转矩，使曲轴旋转。曲轴的总转矩等于所有与高压腔相通的柱塞所产生的转矩之和。

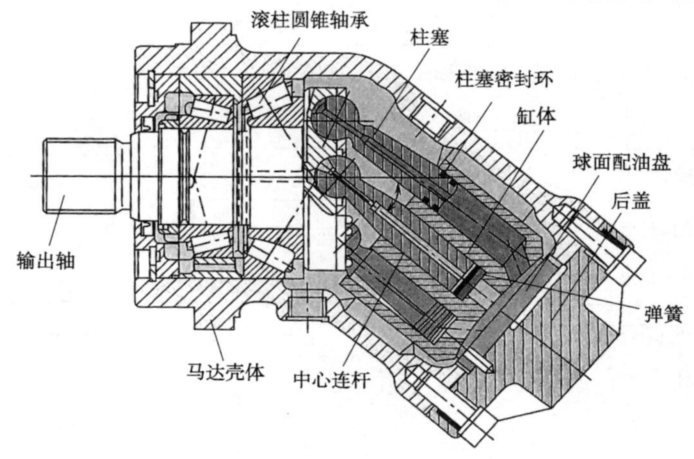

图16-4 A2F型定量斜轴式柱塞马达(德国力士乐公司)

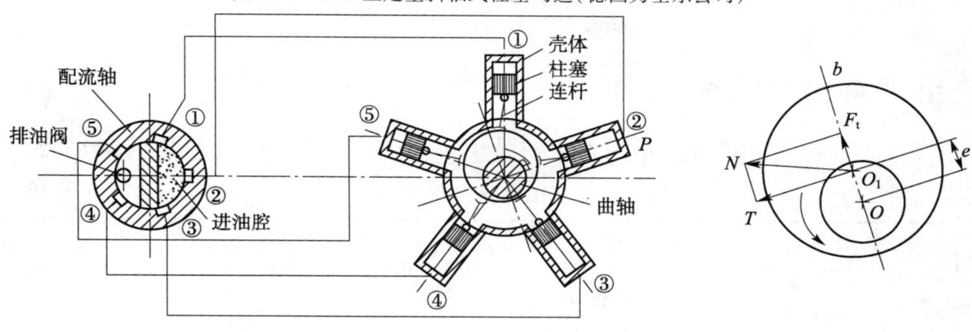

图16-5 径向柱塞马达结构图

四 评价与反馈

1 自我评价

(1)通过本学习任务的学习你是否已经知道以下问题：

①轴向柱塞马达的核心部件有哪些？________________________________。

②轴向柱塞马达是如何工作的？________________________________。

(2)轴向柱塞马达拆装时使用了哪些工具，有哪些拆装注意事项？

____。

(3)实训过程完成情况如何？

____。

(4)通过本学习任务的学习，你认为自己的知识和技能还有哪些欠缺？

____。

签名：____________ ________年____月____日

❷ 小组评价(表 16-1)

小组评价表 表 16-1

序号	评价项目	评价情况
1	着装是否符合要求	
2	是否能合理规范地使用仪器和设备	
3	是否按照安全和规范的流程操作	
4	是否遵守学习、实训场地的规章制度	
5	是否能保持学习、实训场地整洁	
6	团结协作情况	

参与评价的同学签名:____________________ ________年____月____日

❸ 教师评价

____

____。

教师签名:____________ ________年____月____日

五 技能考核标准

根据学生完成实训任务的情况对学习效果进行评价。技能考核标准见表 16-2。

技能考核标准表 表 16-2

序号	项目	操作内容	规定分	评分标准	得分
1	柱塞马达拆装、构造与原理	自行选取工具,自行做好标记,分组拆卸柱塞马达各零部件	25 分	工具选用正确合理,标记准确有区分度,拆卸方法正确规范得 25 分,其他酌情扣分	
2		识别柱塞泵各部件名称	15 分	指认部件名称准确得 15 分,每错一个扣 3 分	
3		装配柱塞马达	25 分	装配顺序准确,装配步骤规范得 25 分,其他酌情扣分	
4		实物演示柱塞马达工作原理	15 分	实物上指认工作容腔正确;演示工作原理并描述工作原理完整、准确得 15 分,其他酌情扣分	
5		比较柱塞马达与柱塞泵的异同	20 分	正确列举了柱塞马达与柱塞泵的不同之处,包括油腔、油口、工作原理、工作参数、结构等差别,每少或错一项扣 5 分	
总分			100 分		

学习任务17　单杆双作用式活塞缸构造、原理与拆装

知识目标

1. 理解液压缸的能量转换；
2. 理解牵引力的概念及计算；
3. 掌握液压缸动作的速度计算方式；
4. 掌握差动连接回路的特点和应用；
5. 掌握单杆双作用式活塞缸的结构特点；
6. 理解单杆缸的缓冲装置。

技能目标

1. 会拆卸和装配单杆双作用式活塞缸；
2. 会更换单杆双作用式活塞缸的密封件；
3. 能区分单杆双作用式活塞缸的各工作腔；
4. 会对液压缸进行排气。

建议课时

2 课时。

任务描述

有一台挖掘机挖斗在挖掘的时候感觉无力，动作很不到位，司机下车检查发现，铲斗缸在向外漏油。经过拆卸，已经将铲斗缸从挖掘机上拆下来了，送到了修理车间，现在让你检修这个液压缸，并更换密封圈。

一　理论知识准备

1 单杆双作用液压缸

单杆缸是只从缸的一端伸出活塞杆的缸；双杆缸是只有一个活塞，有两根活塞杆可以分别从缸的两端伸出的缸。

单作用缸（图 17-1）是指油液的压力只能在一个方向作用于活塞的缸，反方向的复位要借助于外力，如自重或者弹簧力。双作用缸（图 17-2、图 17-3）是指活塞的伸出和复位

均靠液压力来完成。

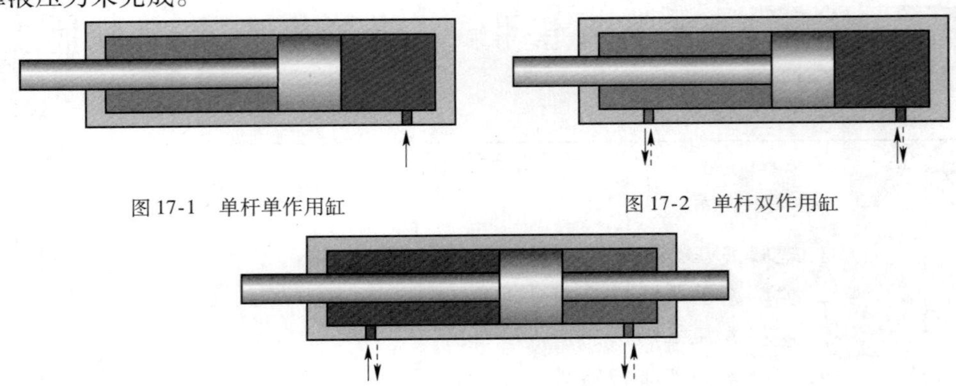

图 17-1　单杆单作用缸

图 17-2　单杆双作用缸

图 17-3　双杆双作用缸

工程机械中比较常见的是单杆双作用活塞式液压缸，其结构如图 17-4 所示。

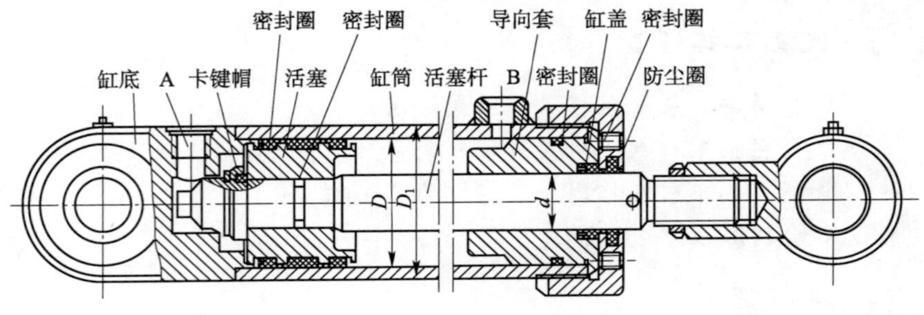

图 17-4　单杆双作用活塞式液压缸结构图

单杆双作用液压缸主要由缸底、缸筒、缸盖、活塞、活塞杆、导向套等部件组成。缸筒与缸底一般焊接，缸盖与缸筒用螺纹连接，活塞与活塞杆用卡键连接。为了保证液压缸的密封，在活塞、导向套及活塞杆出口均设置了密封圈。

❷ 单杆双作用活塞式液压缸工作原理

液压缸是将液体的压力能转换为直线运动机械能的装置，是液压系统中的执行元件。单杆双作用活塞式液压缸的工作原理如图 17-5 所示。

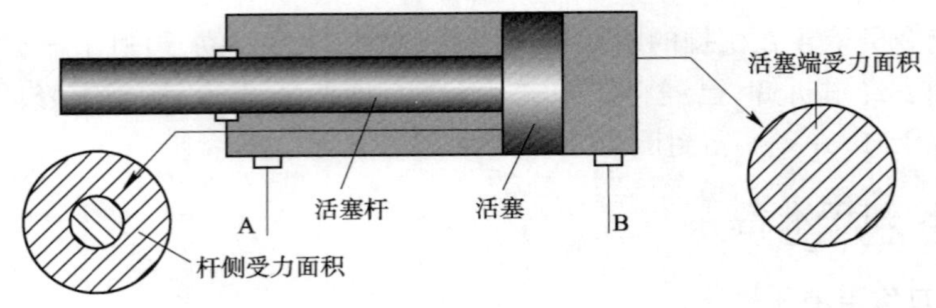

图 17-5　液压缸工作原理图

A 口进压力油，B 口通回油时，左腔压力油的压力作用在活塞上，推动活塞杆向右移动，这时由于压力油作用的面积较小，因此活塞缸向右运动的作用力较小，但是活塞向右运动的速度较快；当 B 口通压力油，A 口通回油通道时，活塞在压力油的作用下向左运动，由于液压油作用的面积较大,因此活塞所受的作用力较大,但活塞运动的速度较慢。当将液压缸的 A 口与 B 口连接起来并通液压油,这时液压缸两腔压力相同,但活塞两边的有效作用面积不同,作用在活塞两边的液压力产生一个合力推动活塞向有杆腔方向运动,这种连接方式称为差动连接。差动连接方式可以让活塞杆快速伸出。

二 任务实施

1 准备工作

(1)布置并准备拆装工作台及拆装工具各 4 台套。

(2)准备单杆双作用活塞式液压缸若干只,尽量选小型缸。

(3)准备柴油一桶、气吹一只、油盆 4 只、手套若干、洗手液、更换的密封件等。

(4)分好小组,准备好小组学习工作页。

2 技术要求与注意事项

(1)按照从前往后的顺序拆卸液压缸。

(2)拆卸时要注意不要损坏各零部件,拆卸密封件时,不可硬撬各密封件。

(3)检查并清除零部件上的毛刺,防止安装中损坏密封件。

(4)密封件安装前应在温水中浸泡,使其变软。然后涂上润滑脂,便于密封圈安装和不受损坏。

(5)活塞上的密封圈有方向,要唇口朝外安装,千万不要装反。

3 操作步骤

(1)观察单杆双作用活塞式液压缸的构造并拆卸液压缸。观察液压缸的构造,认识缸底、缸体和缸盖。选用拆卸工具,拆卸液压缸。

(2)指认单杆双作用活塞式液压缸每个部件的名称。在拆卸的实物部件上,指认每个部件的名称,同时区分有杆腔和无杆腔。

(3)区分液压缸不同部位的密封件,选取匹配的密封件进行更换。认识并区分不同的密封件,分析每种密封件的密封原理,拆卸密封件并更换新的密封件。更换密封件时注意软化密封件,并注意密封方向。

(4)装配液压缸。

(5)演示液压缸排气。在已经装配好的液压缸上进行排气演示,并解释为什么要进行排气。

(6)分析单杆双作用活塞式液压缸的构造特点。指导学生观察缸底与缸筒、缸筒与缸盖、活塞与活塞头以及节流缓冲装置的构造特点。

(7)分析单杆双作用活塞式液压缸的工作原理。在实物上分析并描述单杆双作用活塞式液压缸的工作过程,分析活塞作用力的大小以及速度的快慢。

三 学习扩展

1 液压缸的节流缓冲装置

为了减轻活塞行程结束时对缸底或缸盖的快速撞击,液压缸的缸底和缸盖的内部设有节流缓冲装置。当活塞运行至缸底或者缸盖时,活塞杆端部的缓冲柱塞进入缸端的缓冲孔时,活塞与缸盖之间形成封闭空间,该腔中,受挤压的剩余油液只能从节流小孔或缓冲柱塞与孔槽之间的节流环缝中挤出,从而形成背压使活塞降速制动,实现缓冲。

2 液压缸的排气装置与排气方法

1)液压缸的排气装置

液压缸中如果有空气,会使整个液压系统工作不稳定,产生振动和噪声,严重时,会引起系统发热。因此,在设计和安装液压缸时,就需要考虑液压缸的排气问题。液压缸一般在最高位置设置排气装置,如排气阀、排气塞等。

2)液压缸的排气方法

液压缸安装完毕之后,对性能要求较高的液压缸或者大型液压缸来说,要对液压缸进行排气调整。排气方法如下:首先将工作压力降至0.5~1.0MPa,当活塞运动到终端时,压力升高,将处于高压腔的排气阀打开少许,使带有浊气的白泡沫油液从排气阀喷出,喷出时带有“嘘嘘”的排气声。当活塞由终端开始返回的瞬间关闭。如此多次,直到喷出澄清色的液体为止。然后再换另一腔进行排气,方法与上面一致。

并不是所有的液压缸都需要排气,大多数液压缸不需要专门排气,运转一段时间后,停止一会儿,将液压缸中的空气循环到液压油箱中去,就排除了。

四 评价与反馈

1 自我评价

(1)通过本学习任务的学习,回答下列问题:

①什么是单杆双作用活塞杆?____。

②单杆双作用活塞式液压缸结构组成怎样?____________________________。

③液压缸是如何排气的?____。

(2)在完成实训任务的过程中使用了哪些实训器材?

____。

(3)实训过程完成情况如何?

____。

(4)通过本学习任务的学习,你认为自己的知识和技能还有哪些欠缺?

____。

签名:____________　　________年____月____日

2 小组评价(表17-1)

小组评价表　　表17-1

序号	评价项目	评价情况
1	着装是否符合要求	
2	是否能合理规范地使用仪器和设备	
3	是否按照安全和规范的流程操作	

续上表

序号	评价项目	评价情况
4	是否遵守学习、实训场地的规章制度	
5	是否能保持学习、实训场地整洁	
6	团结协作情况	

参与评价的同学签名:________________　________年____月____日

❸ 教师评价

____

____。

教师签名:__________　________年____月____日

五　技能考核标准

根据学生完成实训任务的情况对学习效果进行评价。技能考核标准见表 17-2。

技能考核标准表　　表 17-2

序号	项目	操作内容	规定分	评分标准	得分
1	单杆双作用活塞缸的拆装、构造与原理	观察单杆缸的构造指认液压缸外部元件名称;拆卸单杠双作用液压缸	20 分	正确辨认了液压缸的外部构件名称得 5 分; 选取了恰当的工具正确地拆卸了单杆双作用液压缸得 15 分	
2		指认单杆缸每个零部件的名称	10 分	正确地指认了每个零部件的名称得 10 分; 每错一个扣 2 分	
3		更换液压缸的密封件	15 分	正确选取了替换的密封件得 5 分; 用正确的方法更换和装配密封件得 15 分	
4		装配液压缸	20 分	正确地装配了液压缸得 20 分,其他酌情扣分	
5		演示液压缸的排气	15 分	正确地演示液压缸的排气得 10 分; 能列举排气的原因得 5 分	
6		分析单杆双作用液压缸的构造特点	10 分	能够正确地描述单杆双作用液压缸的结构特点得 10 分	
7		分析单杆双作用活塞式液压缸的工作原理	10 分	能够区分液压缸工作过程中的速度和牵引力大小得 10 分,有错误酌情扣分	
总分			100 分		

项目七　方向控制阀的构造、原理与图形符号

学习任务18　止回阀构造、原理与图形符号

知识目标

1. 理解实物止回阀的工作过程；
2. 掌握普通止回阀的作用；
3. 理解普通止回阀和液控止回阀的工作原理；
4. 识别系统中的普通止回阀与液控止回阀，并分析其作用。

技能目标

1. 会画普通止回阀、液控止回阀的图形符号；
2. 能将图形符号和实物油口一一对应；
3. 能够连接双向液压锁的控制回路；
4. 会画双向液压锁的锁定回路图；
5. 会描述整个锁定回路的工作过程。

建议课时

2课时。

任务描述

实训室购置了一批单阀，有方向阀、压力阀，也有流量阀。现在实训室的师傅已经将各类别的阀分出来了，所有的止回阀被分在了一起，现在请你将止回阀的类别分出来，并给每个止回阀画上符号，然后再利用这些阀搭建一个液压锁回路。

一 理论知识准备

液压系统中用来控制系统的方向、压力和流量的元件称为液压阀。液压阀是液压系统的控制调节元件，在系统中起大脑控制中枢的作用。通过控制系统的压力、方向和流量等参数的大小，从而控制执行元件的运动方向、输出力矩和速度，保证执行元件完成各项既定的功能。

各种阀的本质都类似，都是依靠压力油与弹簧的平衡来改变阀口的大小，使其通流面积和压力差发生变化来实现对液流的控制的。其基本结构都是由阀体、阀芯和驱使阀芯动作的零部件组成，其基本参数都是额定压力和额定流量。

1 液压阀的分类

1）按照功能用途分类

（1）方向控制阀：控制和改变液压系统中各油路通断状态或流动方向的阀，如止回阀和换向阀。

（2）压力控制阀：控制压力或以压力为信号控制其他元件动作的阀，如溢流阀、减压阀、顺序阀、平衡阀等。

（3）流量控制阀：通过改变节流口通流面积或者通流通道长短来改变局部阻力的大小实现对流量的控制，进而改变执行机构的运动速度，如节流阀、单向节流阀、调速阀等。

2）按照阀的控制方式分类

（1）手动式：用扳动手柄或者踩踏板等方式进行阀芯位置控制的阀。

（2）机动式：利用机械机构进行控制的阀。

（3）电磁式：利用电磁通电产生的吸力来控制阀芯移动的控制方式。

（4）液控式：利用通入压力油来控制阀芯移动的控制方式。

（5）电液式：利用电液一体的方式控制阀芯移动的控制方式。

3）按照阀芯结构分类

（1）球阀：阀芯的形状为球形，弹簧顶在球上，球顶在阀座上。当克服弹簧力顶开球时，阀芯开启。此种阀芯结构简单、制造容易，但容易失效。

（2）锥阀：阀芯的形状为锥状。锥面顶在阀座上，液压油作用在锥面上，当液压力克服弹簧力顶开锥状阀芯时，锥面离开阀座，阀芯开启。此种阀芯加工相对困难，但密封效果好，不容易失效，使用得较多。

（3）滑阀：阀芯形状为圆柱形，依靠滑动的圆柱阀芯来控制。各阀芯形状如图18-1所示。

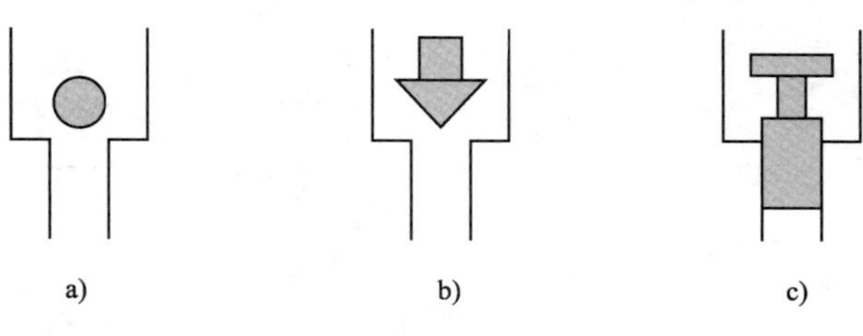

图18-1　阀芯的结构

2 普通止回阀

止回阀分为普通止回阀和液控止回阀。

1)普通止回阀简介与工作原理

普通止回阀也称为单向回阀。所谓止回阀就是油液只能止回导通,而反向截止的方向阀。其基本要求是正向时开启压力小,反向时密封油液的性能好。其外形、结构和图形符号如图18-2所示。

a)外形图

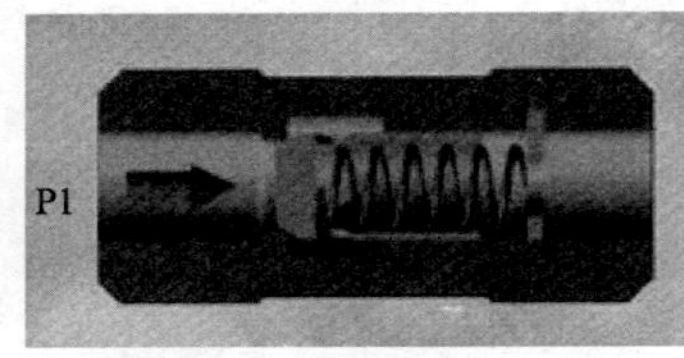

b)结构原理图

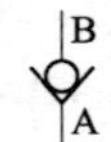

c)图形符号

图18-2 普通止回阀结构图及图形符号

现在以结构原理图说明其工作原理。高压油从P1端进入到达止回阀的左侧,止回阀的阀芯在压力油的作用下顶开弹簧,阀芯打开,油液从右端的出口流出;如果油液从右端进入作用在阀芯上,会使得阀芯紧紧地压在阀座上,阀芯永远也无法打开,油液无法通过。这就是止回阀止回通过、方向截止的工作过程。

止回阀正向开启压力只需0.03~0.05MPa,反向截止时为线密封,且密封力随压力增高而增大,密封性能良好。开启后进出口压力差(压力损失)为0.2~0.3MPa。因此止回阀得到了非常广泛的应用。

2)普通止回阀的作用

(1)隔断系统与泵。如图18-3所示,在液压泵的出口安装止回阀,可以将系统与泵隔开。这样可以防止泵停机或者停电时系统的油液倒流回泵,出现负载点头现象。

(2)隔开多油路之间的联系,防止油路干扰。如图18-4所示,用止回阀可以将两个泵隔开。当系统需要低压大流量时,双泵合流向系统供油,满足系统对速度的要求;当系统在高压下工作时,止回阀反向压力是高压,止回阀关闭,将高低压油路隔开,使得高低压油路互不干扰。

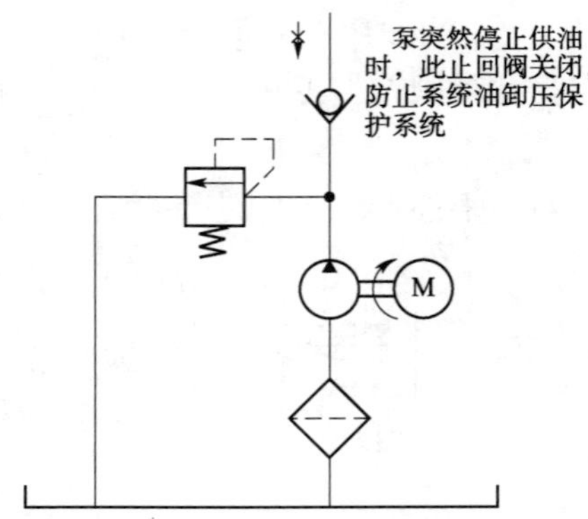

图18-3 隔断系统与泵

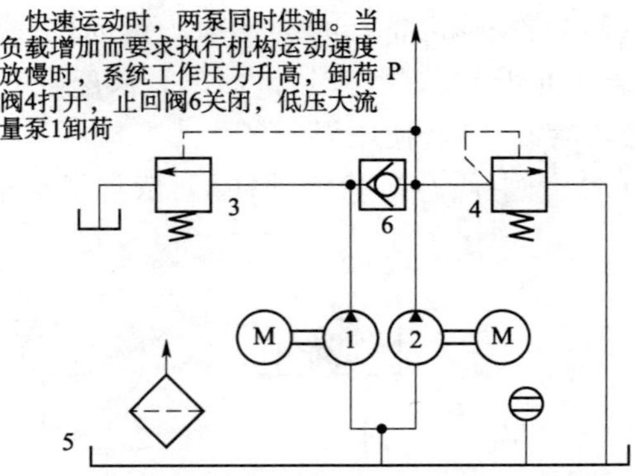

图18-4 止回阀隔开油路间的干扰

1-低压大流量泵;2-高压小流量泵;3-卸荷阀;4-溢流阀;5-油箱;6-止回阀

(3)做背压阀。如图 18-5 所示,压力油经过换向阀进入液压缸的无杆腔,活塞在压力油的推动下向右移动,无杆腔的低压油在活塞的推动挤压下顶开止回阀回油箱。止回阀的开启压力就是回油路的回油背压,止回阀就是其背压阀的作用。在回油路上保持一定的背压,可防止空气反灌到液压缸中,防止活塞受到冲击,使活塞运动平稳。

(4)与其他阀形成组合阀。如图 18-6 所示,止回阀可以和节流阀组合形成止回节流阀;与顺序阀组合形成止回顺序阀;与减压阀组合形成止回减压阀。

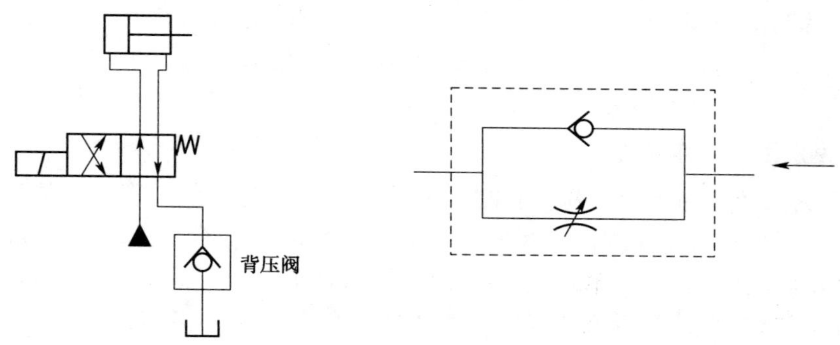

图 18-5　止回阀做背压阀

图 18-6　与节流阀形成止回节流阀

二 任务实施

1 准备工作

(1)准备无标签的透明止回阀、透明液控止回阀 8 组。

(2)实物止回阀和液控止回阀各 2 只。

(3)连接透明止回阀的透明油管或者三色电线各若干根。

(4)分好小组,准备好小组学习工作页。

2 技术要求与注意事项

(1)止回阀构造、符号及原理由学生自行发现并内化掌握。

(2)符号与实物能够在任务完成中一一对应。

(3)读懂给定止回阀系统图。

(4)分析比较系统图,然后连接系统回路。

3 操作步骤

(1)观察透明阀的内部构造、油口及符号。

每个组分发一个透明止回阀和液控止回阀,先观察阀的外部有几个油口,阀的内部是什么结构,判断进油口和出油口,并完成阀的构造填图。结合学习材料,找出止回阀和液控止回阀的图形符号,将止回阀的图形符号各部分与实物阀完全对应。

(2)用实物阀描述止回阀和液控止回阀工作过程。

教师用多媒体演示普通止回阀的工作过程,用透明实物阀来描述止回阀单向导通反向截止的原理。引导学生观看液控止回阀工作过程,要求学生在液控止回阀实物上来描述液控止回阀反向导通的工作过程。

(3)画出止回阀和液控止回阀的图形符号。

收回透明阀,合上书本,每人画出止回阀和液控止回阀的图形符号。然后同桌交换,进行批阅更正。

(4)识别双向液压锁回路中的止回阀。给出双向液压锁回路,要求找出回路中的止回阀,分析双向液压锁的工作过程。

(5)连接液压锁回路,并描述其工作过程。分发止回阀、液控止回阀、电线或油管、液压缸等材料,要求每个组用给定的电线或者透明油管、相关液压元件,连接液压锁的回路。

三 学习扩展

1 液控止回阀工作原理

图 18-7 为液控止回阀的结构。液控止回阀由阀体、阀芯、弹簧、顶杆和活塞几部分组成,外部有 3 个油口,分别是 P_1、P_2 和控制口 K。当控制口 K 不通压力油时,液控止回阀相当于普通止回阀,油液只能单向导通,从 P_1 进入,从 P_2 出来,油液不能反向倒流;当控制口 *K* 通压力油时,因控制活塞的右侧 a 通泄油口,控制活塞右移,推动顶杆顶开阀芯,使通口 P_1 和 P_2 沟通,液压油就可以在两个方向自由流动,也就是可以实现液压油从 P_2 口流向 P_1 口的倒流。

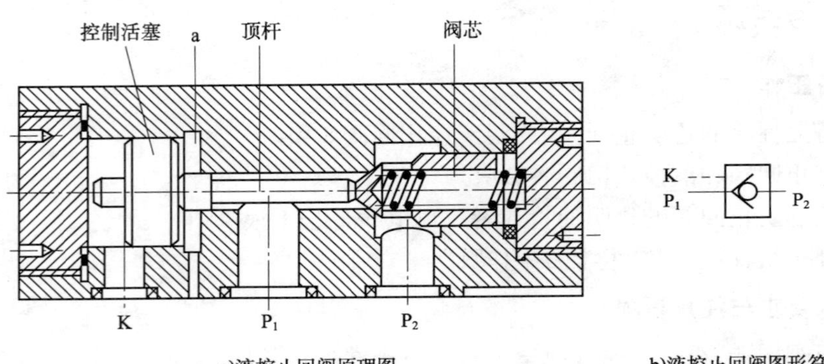

a)液控止回阀原理图　　b)液控止回阀图形符号

图 18-7　液控止回阀的结构

2 双向液控止回阀形成液压锁

图 18-8 是由两个液控止回阀形成液压锁回路,可以使液压缸安全可靠地锁闭。其工作过程如下:当 A 管通高压油时,高压油顶开止回阀 1 进入无杆腔,同时高压油进入止回阀 2 的控制油口,液控止回阀 2 阀芯打开,油液可以反向流动,这时,活塞向右移动,低压油经过止回阀 2 从 B 管排出。同理,当 B 口通高压油时,止回阀 1 的油液反向倒流,低压油从 A 口流出。若 A 管和 B 管均不通油时,液控止回阀的控制口均无压力,止回阀 1 和止回阀 2 均锁闭。这样,利用两个液控止回阀,既不影响液压缸的正常工作,又可以完成缸的双向

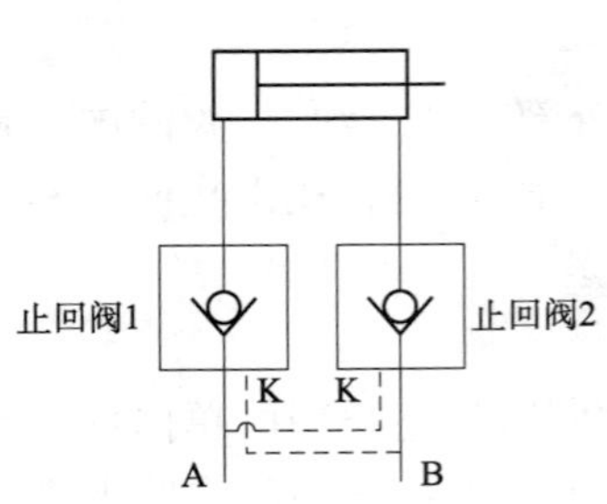

图 18-8　双向液压止回阀形成液压锁

锁闭。

❸ 两个普通止回阀形成梭阀

图 18-9 为梭阀工作原理。梭阀相当于将两个止回阀面对面安装，形成两个均可封闭的进口 A、B 和一个出口 C。根据两个进口处的液流压力的高低，梭阀将进口 A 或者 B 与出口 C 相通。如果，进口 A 的压力高于进口 B 的压力，则进口 A 与出口 C 相通；如果进口 B 的压力高于进口 A 的压力，则进口 B 与出口 C 相通。也就是说，C 口的出口压力油取自 A 口与 B 口中压力较高者，因而也成为“选择阀”。工作时锥阀芯来回梭动，因此也成为“梭阀”。

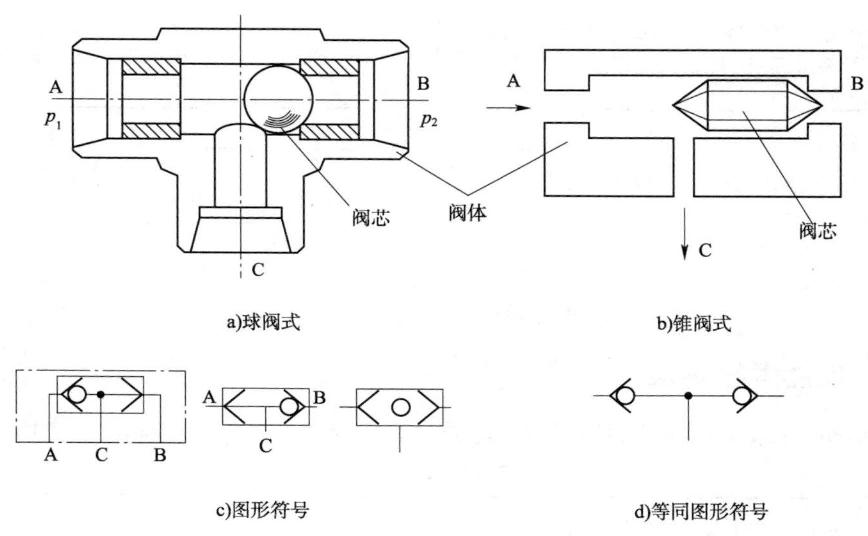

图 18-9　梭阀工作原理及图形符号

四 评价与反馈

❶ 自我评价

(1)通过本学习任务的学习你是否已经知道以下问题：

①止回阀和液控止回阀是如何工作的？＿＿＿＿＿＿＿＿＿＿＿＿＿＿＿＿＿＿＿。

②止回阀主要用在什么情况下？＿＿＿＿＿＿＿＿＿＿＿＿＿＿＿＿＿＿＿＿＿。

③双向液压锁是如何工作的？＿＿＿＿＿＿＿＿＿＿＿＿＿＿＿＿＿＿＿＿＿＿。

(2)搭建油路的过程中需要考虑什么问题？

＿＿＿＿＿＿＿＿＿＿＿＿＿＿＿＿＿＿＿＿＿＿＿＿＿＿＿＿＿＿＿＿＿＿＿＿。

(3)实训过程完成情况如何？

＿＿＿＿＿＿＿＿＿＿＿＿＿＿＿＿＿＿＿＿＿＿＿＿＿＿＿＿＿＿＿＿＿＿＿＿。

(4)通过本学习任务的学习，你认为自己的知识和技能还有哪些欠缺？

＿＿＿＿＿＿＿＿＿＿＿＿＿＿＿＿＿＿＿＿＿＿＿＿＿＿＿＿＿＿＿＿＿＿＿＿。

签名：＿＿＿＿＿＿＿＿　　＿＿＿＿＿年＿＿＿月＿＿＿日

❷ 小组评价(表 18-1)

小组评价表 表 18-1

序号	评价项目	评价情况
1	着装是否符合要求	
2	是否能合理规范地使用仪器和设备	
3	是否按照安全和规范的流程操作	
4	是否遵守学习、实训场地的规章制度	
5	是否能保持学习、实训场地整洁	
6	团结协作情况	

参与评价的同学签名:________________ ______年____月____日

❸ 教师评价

____

____。

教师签名:____________ ______年____月____日

五 技能考核标准

根据学生完成实训任务的情况对学习效果进行评价。技能考核标准见表 18-2

技能考核标准表 表 18-2

序号	项目	操作内容	规定分	评分标准	得分
1	止回阀构造、原理与符号	观察透明阀的构造、油口与符号	20 分	正确地描述了止回阀的构造得 20 分; 止回阀的符号与实物油口能正确对应得 20 分	
2		用实物阀描述止回阀和液控止回阀的工作过程	20 分	正确地用实物阀描述了止回阀的工作过程得 20 分,其他酌情扣分	
3		画出止回阀和液控止回阀的图形符号	20 分	正确地独立地画出了止回阀和液控止回阀的图形符号得 20 分	
4		识别双向液压锁回路中的止回阀	20 分	正确地识别了双向液压锁回路中的止回阀得 20 分	
5		连接液压锁回路	20 分	正确地用所给器材连接了液压锁回路得 20 分,其他酌情扣分	
总分			100 分		

学习任务19　换向阀构造、原理与图形符号

知识目标

1. 掌握换向阀的作用；
2. 理解换向阀的“位”和“通”；
3. 掌握换向阀图形符号的意义；
4. 掌握滑阀机能的意义；
5. 掌握换向阀不同操作方式的工作原理。

技能目标

1. 会画不同位不同通换向阀的符号；
2. 会画三位四通换向阀常见的滑阀机能；
3. 会画不同操纵方式的换向阀；
4. 会从符号分析阀的油路流向。

建议课时

6 课时。

任务描述

挖掘机的大臂可以升也可以降，装载机的大臂可以升也可以降，挖掘机的挖斗可以内翻也可以外翻。之所以会出现这些动作，是由于机器的液压系统中有换向阀的存在。换向阀保证了工作装置会出现这样或者那样的动作，那么换向阀到底是如何做到的呢？我们这次任务的目的就是探寻换向阀的秘密。

一　理论知识准备

换向阀利用阀芯相对于阀体位置的变动，改变阀体上各油口的通断状态，从而控制油路接通、断开或油流方向改变，进而使得执行元件启动、停止或改变运动方向。

1 换向阀工作原理

换向阀的结构有滑阀式、转阀式和锥阀式，其中滑阀式结构是最常见的换向阀的结构。现在就以滑阀式结构来说明换向阀的工作原理（图 19-1）。

换向阀主要由阀体和阀芯组成,阀芯位于阀体孔内。阀芯是个圆柱体,上面加工有多个环形槽,图示阀芯有两个环形槽,三个台肩;阀体孔内加工有若干个沉割槽,图示阀体孔内是加工了5道沉割槽,每道沉割槽都通过相应的孔道与外部或者内部相通。其中P为阀的进油口,也就是通来自泵的高压油,T为回油口,是低压油,回油箱的,A、B为工作油口,连到液压缸的两腔的。

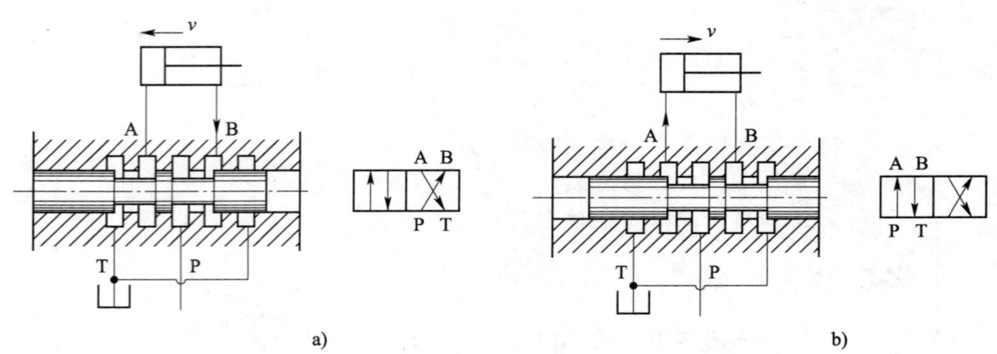

图19-1 换向阀工作原理

阀的油路接通就是靠阀芯的移动,使得阀芯的环形槽与阀体的沉割槽连通或者关断,从而油口接通或者关断。如图19-1a)所示位置时,P口与B口相通,A口与T口相通。当阀芯向右移至图19-1b)所示的位置时,P与A相通、B与T相通。右侧的图形符号就表现了阀芯与阀体油路的通断情况。

❷ 换向阀的"位"和"通"

在描述一个换向阀的时候,通常说这个阀是几位几通阀,比如说二位三通、三通四通、三位六通等。什么是换向阀的"位"?什么又是换向阀的"通"?

"位"就是阀芯可以移动的工作位置数,阀芯有几个工作位置,就是几位阀,二位阀只有两个可移动的工作位置,三位阀就有三个可移动的工作位置。

"通"就是指阀的通口,也就是阀外部的功能油口,有几个油口就是几通阀。如三通阀就是外部有三个连通口,四通阀就是外部有四个通口连接油管。

❸ 换向阀的图形符号表示方法

换向阀的"位"和"通"以及其他的元素都是用其图形符号表示的,其图形符号的含义如下:

(1)用方框来表示换向阀的位,有几个方框就是几位阀。

(2)一个方框内,箭头或"T"与方框的交点数为油口的通路数,即"通"数。

(3)箭头表示两油口连通,并不表示油路的流动方向;"T"和倒"T"表示油口不通。

(4)P为阀的进油口,T或O为回油口,A、B为工作油口。

(5)二位阀的弹簧侧、三位阀的中位是常态位,也就是阀未受任何操纵力时的位置。一般液压系统图都连接的是常态位。表19-1为常见的换向阀结构图与图形符号。

常见换向阀结构与图形符号　　表 19-1

名　称	结构原理图	图形符号
二位二通	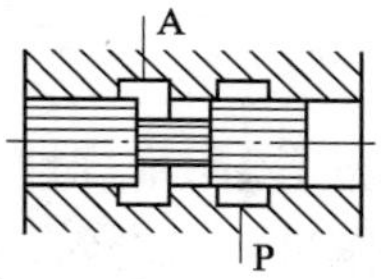 A P	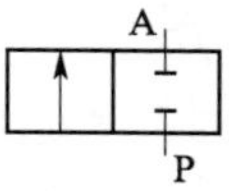 A P
二位三通	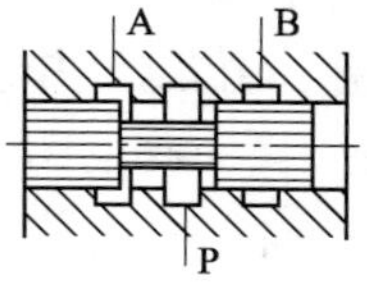 A B P	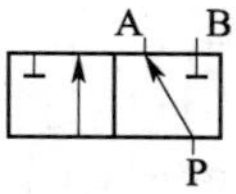 A B P
二位四通	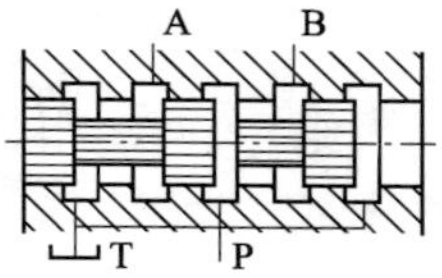 A B T P	 A B P T
三位四通	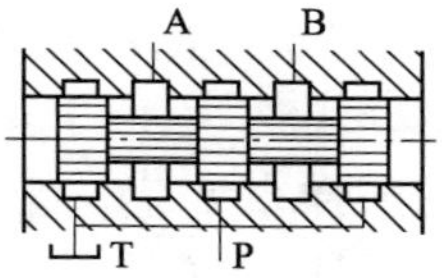 A B T P	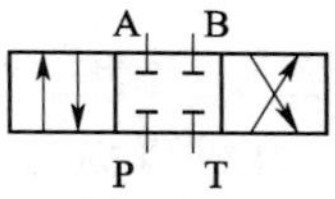 A B P T

二 任务实施

1 准备工作

(1)基本型透明液压试验台。

(2)二位二通电磁阀和二位三通电磁阀各 4 只。

(3)二位三通阀和二位四通阀 4 只。

(4)不同滑阀机能的三位四通阀若干只。

(5)弹簧复位和钢球定位的手动三位四通阀各 4 只。

(6)电液阀 4 只。

2 技术要求与注意事项

(1)通过实物演示准确理解“位”和“通”。

(2)正确理解“滑阀机能”。

(3)正确理解操纵方式。

3 操作步骤

(1)操作基本型透明试验台,观察换向阀的动作,理解换向阀的作用,初步建立换向阀“位”和“通”的概念。

操纵透明试验台,观察换向阀阀芯的动作和油路的流向,思考换向阀的作用,引出换向阀的“位”和“通”。

(2)比较一个二位阀和三位阀的差异,准确理解"位"。

多媒体演示二位阀和三位阀的工作过程,引导学生观察其差异,理解"位"的含义;然后再比较实物二位阀和三位阀的差别,深刻理解"位"的意义,并在实物阀上找出"位"的图形符号表示方法。

(3)比较二位三通电磁阀和二位四通电磁阀的差异,准确地理解"通"。

多媒体演示二位三通阀和二位四通阀的工作过程,比较其差异,深刻理解"通"的含义。比较实物二位三通阀和二位四通阀的差异,找出"通"的图形符号表示方法。

(4)讨论并总结换向阀图形符号的表示方法。分组讨论并总结换向阀图形符号的表示方法,并使用这些方法去识别不同"位"不同"通"换向阀的图形符号。

(5)找出两个不同中位机能的三位四通电磁换向阀的差异,准确理解滑阀机能。

(6)讨论几种常见滑阀机能的特点。通过对三位四通阀各种滑阀机能的分析,掌握不同滑阀机能的特点。

(7)开展滑阀机能配对游戏。将学生分为两大组,每两个组再分成三个小组,每个小组的成员拿到一类滑阀机能的信息,要么是符号,要么是类型,要么是特点,要求三个小组的成员互相配对,配对最好最快的得最高分。

(8)比较三位四通手动阀和三位四通电磁阀的差异,引出换向阀的操纵方式。理解操纵方式的含义,并且会在图形符号中识别操纵方式。

(9)比较几种操纵方式的差异,掌握换向阀的操纵方式及符号。比较不同操作方式的实物阀,掌握其不同符号的表示方法,练习画不同操作方式、不同"位"不同"通"的换向阀符号。

三 学习扩展

1 三位阀的滑阀机能

三位阀阀芯处于中间位置时,阀上各油口间有不同的油路连接方式,可以满足不同的功能使用要求,这种处于中位的连通方式称为换向阀的滑阀机能,也称为中位机能。三位四通阀常见的滑阀机能有"O""H""Y""M""P" 型,其结构简图、符号、油口、特点等情况见表 19-2。三位阀不同的滑阀机能可以满足液压系统的不同要求,不同的滑阀机能是通过改变阀芯的台肩形状和尺寸满足的。

换向阀常见中位机能结构、图形符号及特点 表 19-2

型号	结构简图	图形符号	中位机能、油口状况、特点及应用
O	A B T P	A B P T	各油口全封闭,液压缸闭锁,可用于多个换向阀并联工作
H	A B T P	A B P T	各油口全通,活塞浮动,在外力作用下可移动,泵卸荷

续上表

型号	结构简图	图形符号	中位机能、油口状况、特点及应用
Y			P封闭，A、B、T口相通，活塞浮动，在外力作用下可移动，泵不卸荷
M			P、T口相通，A与B口封闭，活塞闭锁不动，泵卸荷，也可用多个M型换向阀并联工作
P			P、A、B口相通，T封闭，泵与缸两腔相通，可组成差动回路

在分析三位阀的滑阀机能时，注意当P口被堵住时，系统保压；P口与T口相通时，系统卸荷；A口与B口互通时，卧式油缸呈现“浮动”状态。

2 换向阀的操纵方式

（1）手动换向阀。通过扳动手柄来移动阀芯位置的换向阀称为手动换向阀。手动换向阀有两种方式，一种是弹簧复位式，一种是钢球或者卡槽定位式。两者的区分方法非常简单，松开手柄后，阀芯会自动回复中位的就是弹簧复位式手动阀，否则，就是另外一种手动阀。如图19-2所示。

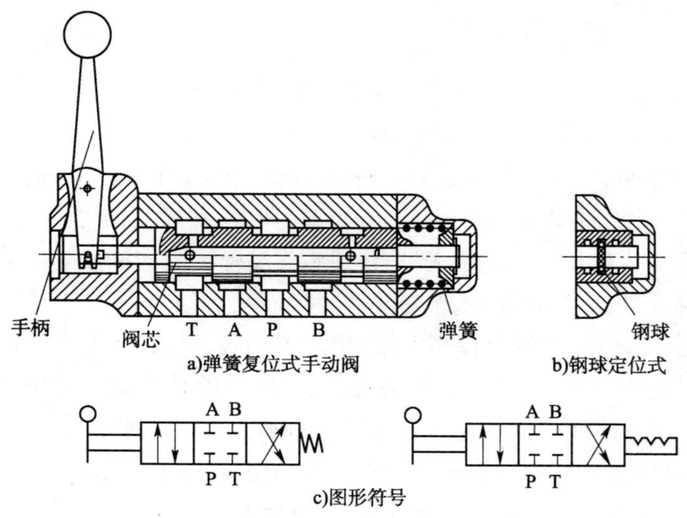

图19-2　手动换向阀结构、图形符号

（2）电磁换向阀。电磁换向阀是利用电磁铁通电产生电磁吸力来控制阀芯动作的。电磁阀一般使用的都是24V直流电磁铁，可以是湿式电磁铁，也可以是干式电磁铁。湿式电磁铁比干式电磁铁有寿命长、工作更可靠、吸着声小、温升低等优点，但造价相对较高。

由于电磁吸力小,电磁阀适用于流量小、压力低的场合。图 19-3 为电磁换向阀外形图、实体解剖示意图以及图形符号。

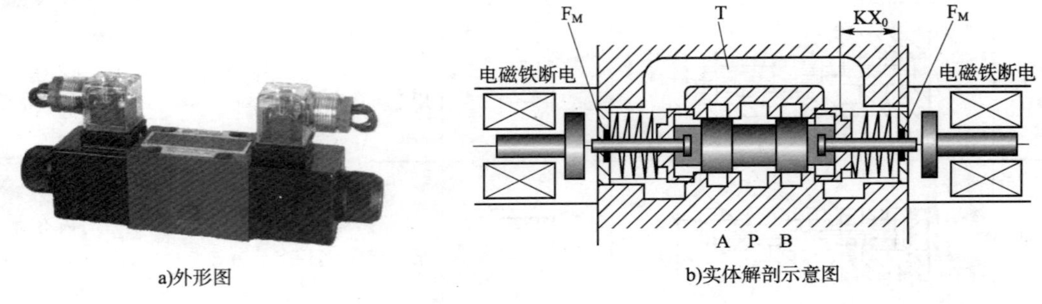

a)外形图　　b)实体解剖示意图

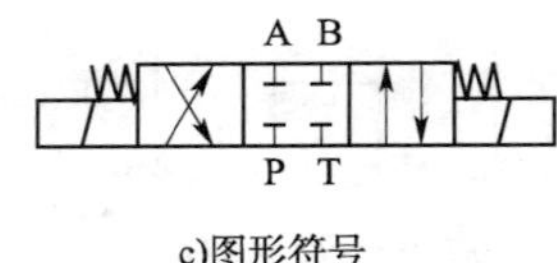

c)图形符号

图 19-3　电磁换向阀外形图、剖面图、图形符号

(3)液动换向阀。液动换向阀是利用压力油来控制阀芯动作的液压阀。图 19-4 为三位四通液动换向阀的结构和图形符号。

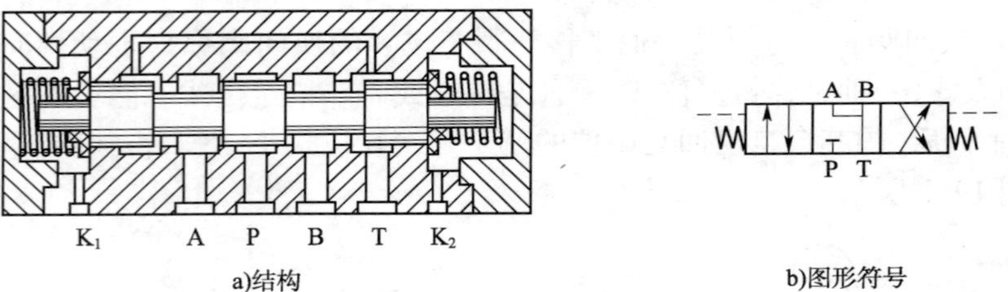

a)结构　　b)图形符号

图 19-4　液控换向阀结构及图形符号

其工作过程是:当控制油路 K_1 通压力油时,K_2 通回油时,压力油推动阀芯向右移动,这时 P 口与 A 口相通,B 口与 T 口相通;当控制口 K_2 通压力油时,K_1 通回油,阀芯向左移动,这时 P 口与 B 口相通,A 口与 T 口相通;当 K_1 和 K_2 都通回油时,阀芯在两端弹簧的作用下处于中位。可以看出,液动换向阀是靠阀芯两端弹簧腔中油液的压力差来移动的。

(4)电液换向阀。电液换向阀是由电磁阀与液动阀组合形成的复合阀,电磁阀是先导阀,液动阀是主阀,电磁阀输出控制液流,控制主阀阀芯的移动方向,从而控制主阀的动作。由于控制主阀的液压力可以很大,因此,液动阀芯的尺寸就可以做得很大,输出的流量就可以很大,这样就可以实现用小规格的电磁阀方便地控制大流量的液动阀换向。图 19-5 为电液动换向阀的外观与结构图。图 19-6 为电液换向阀剖面图与图形符号。

液换向阀的工作原理:当电磁铁不通电时,先导阀电磁阀处于中位,由于电磁阀的中位机能是 Y 形,这时与液动换向阀两端控制油腔相通的油路经过节流阀与油箱 T 相通,液动阀处于中位,P、T、A、B 四个油口均封闭。当电磁阀左端电磁铁通电时,电磁阀芯往右移动,电磁阀进口的油液经过左侧止回阀进入液动阀的左腔,推动液动阀芯向右移动,液动换向阀右侧的油液经节流阀及电磁阀的油路通道回油箱,这时液动阀的 P 口与 A 口相通，B 口与 T 口相通；当电磁阀右端电磁铁通电时，电磁阀芯往左移动，控制油液进入液动阀右侧，推动液动阀芯向左移动，使得 P 口与 B 口相通，A 口与 T 口相通。

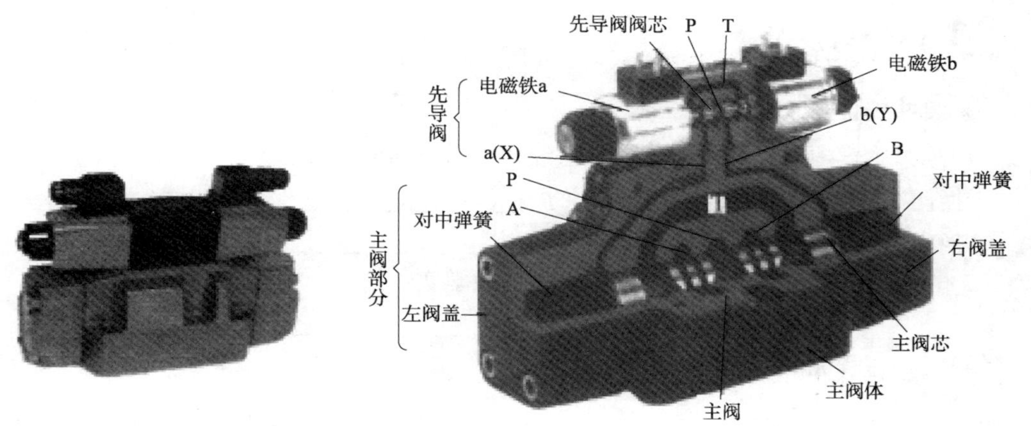

图 19-5　电液换向阀外观与结构图

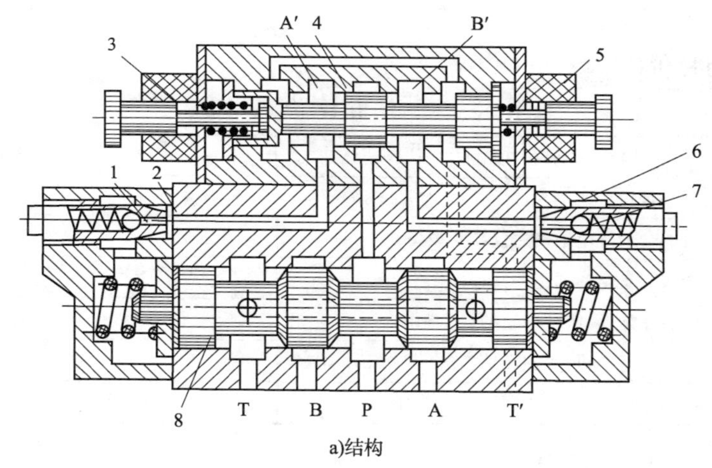

a)结构

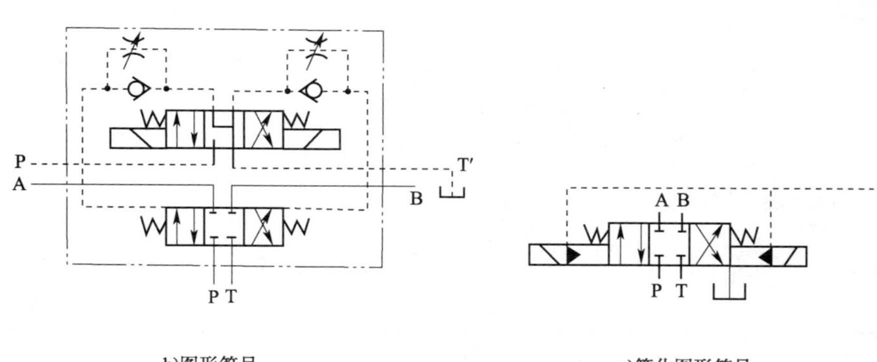

b)图形符号　　c)简化图形符号

图 19-6　电液换向阀剖面图与图形符号

1、7-止回阀；2、6-节流阀；3、5-电磁铁；4-电磁阀阀芯；8-主阀阀芯

液动换向阀左右两端的止回节流阀可以起到让主阀快开慢回的作用，使主阀换向比较平稳，冲击小。

四 评价与反馈

❶ 自我评价

(1)通过本学习任务的学习你是否已经知道以下问题：

①换向阀是如何用图形符号来表示的？ ________________________________。

②换向阀的操纵方式都有哪些？ ________________________________。

(2)在完成实训任务的过程中使用了哪些教学实物阀？

____。

(3)实训过程完成情况如何？

____。

(4)通过本学习任务的学习，你认为自己的知识和技能还有哪些欠缺？

____。

签名：____________ ________年____月____日

❷ 小组评价(表 19-3)

小组评价表 表 19-3

序号	评价项目	评价情况
1	着装是否符合要求	
2	是否能合理规范地使用仪器和设备	
3	是否按照安全和规范的流程操作	
4	是否遵守学习、实训场地的规章制度	
5	是否能保持学习、实训场地整洁	
6	团结协作情况	

参与评价的同学签名：________________ ________年____月____日

❸ 教师评价

____

____。

教师签名：____________ ________年____月____日

五 技能考核标准

根据学生完成实训任务的情况对学习效果进行评价。技能考核标准见表 19-4。

技能考核标准表 表 19-4

序号	项目	操作内容	规定分	评分标准	得分
1	换向阀构造、原理及符号	观察透明试验台的动作，初步理解“位”和“通”	10 分	正确地在试验台上指出了换向阀的“位”和“通”得 10 分	

续上表

序号	项目	操作内容	规定分	评分标准	得分
2	换向阀构造、原理及符号	比较二位阀和三位阀的差异，深刻理解“位”的概念，找出“位”的符号表示	10分	正确地描述了“位”的含义得5分；找出了“位”的正确表示方法得5分	
3		比较二位三通和二位四通电磁阀，准确地理解“通”，找出“通”的符号表示方法	10分	正确地描述了“通”的含义得5分；找出了“通”的符号表示方法得5分	
4		讨论总结换向阀图形符号的表示方法	15分	正确地识别了换向阀的图形符号得15分，识别错误不得分	
5		比较两个三位四通阀的中位机能，理解三位阀的滑阀机能	10分	正确地描述了换向阀中位机能的定义和作用得10分，描述错误不得分	
6		讨论几种常见的滑阀机能的特点	10分	画出了四种滑阀机能符号得6分，并正确地描述了其意义得4分	
7		完成滑阀机能配对游戏	10分	游戏配对成功得10分，不成功没有分	
8		比较手动阀和电磁阀的差异，理解阀的操纵方式	10分	准确描述了差异得10分，不能描述完整酌情给分	
9		比较几种操纵方式的差异，会画几种操纵方式的符号	15分	准确地画出了不同操纵方式下换向阀的符号得15分	
总分			100分		

项目八　压力控制阀构造、原理与图形符号

学习任务20　溢流阀构造、原理与图形符号

知识目标

1. 理解直动型溢流阀的工作原理；
2. 理解先导型溢流阀的工作原理；
3. 掌握先导型溢流阀的使用要求；
4. 掌握溢流阀的构造。

技能目标

1. 会画直动阀和先导阀的符号；
2. 能将符号和实物一一对应；
3. 会在试验台上连接溢流阀的油路。

建议课时

2 课时。

任务描述

实训室的液压试验台起动后，压力表显示压力很高，调整溢流阀，压力也不降下来，现在师傅让你打开溢流阀看看，是不是溢流阀出现了问题。

一　理论知识准备

溢流阀是用来限制系统压力和释放系统过载压力的，当系统的压力因为外负载的增

大超过溢流阀的调定压力时，溢流阀的阀口会开启溢出一部分油液回油箱，防止系统的压力过载，保护系统的安全。系统中如果没有溢流阀的保护，泵不停地向系统供油，压力会一直升高，导致泵过载损坏、管道破裂、液压缸胀大损坏以及机架断裂等事故。有了溢流阀的保护，系统就不会出现这些事故了。故溢流阀有时候又称为安全阀。

溢流阀有两种类型：直动型和先导型。

1 直动型溢流阀

直动型溢流阀，直接利用液压力与弹簧力相平衡以控制阀芯的启闭动作，从而保证进口压力基本恒定。直动型溢流阀的阀芯有锥阀芯、球阀芯和圆柱滑阀式阀芯。现在以锥阀式和圆柱滑阀式阀芯来说明直动型溢流阀的工作过程。

1）锥阀式溢流阀的工作原理

如图 20-1 所示，锥阀式溢流阀由阀体、锥阀芯、弹簧、调节杆、调节手柄等组成。液压泵泵出的油进入溢流阀的阀口，作用在锥阀阀芯上，当作用在锥阀阀芯上的液压力小于弹簧对锥阀芯的弹力时，锥阀芯关闭，不起溢流作用；随着外负载的加大，系统压力不断升高，当系统压力升高到超过了弹簧所调整的压力时，锥阀芯被打开，油经溢流阀回油口 T 回油箱，系统压力保持恒定。转动手柄，可以对弹簧的预压紧力进行调节和设定。

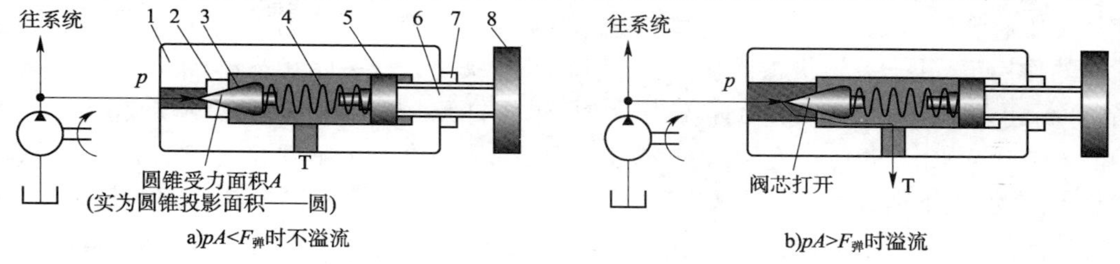

图 20-1　锥阀式溢流阀工作原理

1-阀体；2-阀座；3-锥阀芯；4-调压弹簧；5-调节杆；6-调压螺钉；7-锁母；8-手柄

2）圆柱滑阀式溢流阀

图 20-2 所示为圆柱滑阀式溢流阀的工作原理，液压泵泵出的压力油经 P 口进入阀内，经阀芯上横孔 b 再经中心孔 a 作用在滑阀阀芯上。当进口压力低于弹簧调定压力时，阀芯不开启，阀不溢流；当进口压力大于弹簧预压紧力时，阀芯开启，进行溢流，泵出口压力保持恒定。

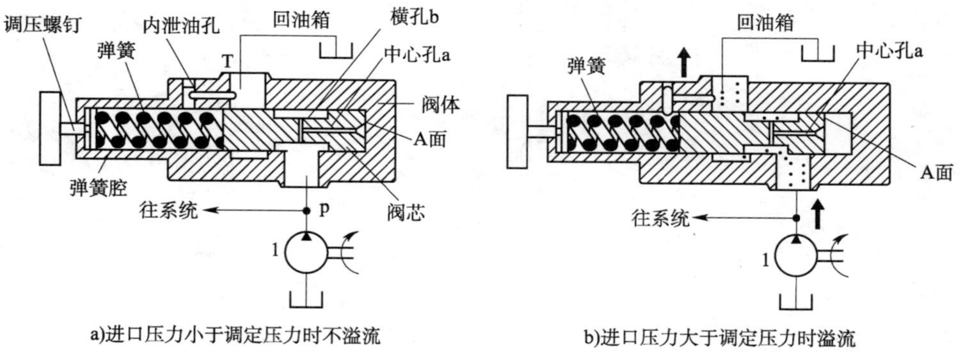

图 20-2　圆柱滑阀式溢流阀的工作原理

直动型溢流阀的特点是结构简单，反应灵敏，用于压力较低、流量小的场合。由于阀芯所受的液压力全靠弹簧力来平衡，当系统压力较高时，溢流阀的弹簧必须做得很硬才能满足要求，这样就造成溢流阀反应很不灵敏，手柄调节很费力，阀的结构很笨重，这时就需要用先导型溢流阀来调节高压大流量系统的压力。

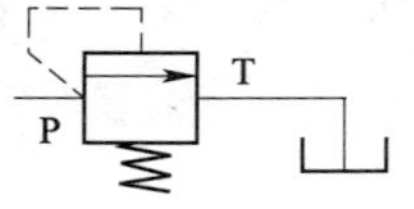

图 20-3　直动型溢流阀图形符号

3）直动型溢流阀的符号

图 20-3 所示为直动型溢流阀图形符号。

2 先导溢流阀

先导型溢流阀由两部分组成，一部分是小规格的直动型先导阀；另一部分是主阀。这样组成的先导型溢流阀调节力矩小，启闭特性好，调节压力高、通流能力大。

现在以三节同心先导式溢流阀来说明先导阀的工程过程。如图 20-4 所示，所谓三节同心式溢流阀是指主阀芯上部小直径圆柱面、中部大直径圆柱面和下部锥面三个部位，必须与阀盖内孔、阀体内孔和阀座锥面保持同心，称为三节同心。其工作过程如下：液压泵泵出的油进入溢流阀中，先进入阀芯的下腔 P，经过阻尼孔 R_1 进入主阀上腔 P_1，P_1 腔的油液经过阻尼孔 R_2 进入先导阀阀芯右腔，作用在锥阀芯上。先导阀左腔也就是弹簧腔的油液经过中心孔回油箱。当泵口压力较小时，小于先导阀弹簧的预调压力时，先导阀在调压弹簧的作用下，处于关闭状态，阀内无油液流动，主阀也处于关闭状态；当泵口压力继续升高，升高到大于先导阀锥阀芯的预调压力时，锥阀打开，先导阀的油液就流动起来了。由于油液流动起来，经过阻尼孔 R_1 时就受到了阻力，阻尼孔的上下两腔就产生了压力差，也就是主阀的上、下两腔产生了压差，这个压差推动主阀的弹簧使得主阀的阀芯打开，将多余的油液从 T 腔溢流回油箱。溢流量的多少由主阀芯开口的大小而定，而开口量的大小由主阀芯上、下腔的油液压力差确定。

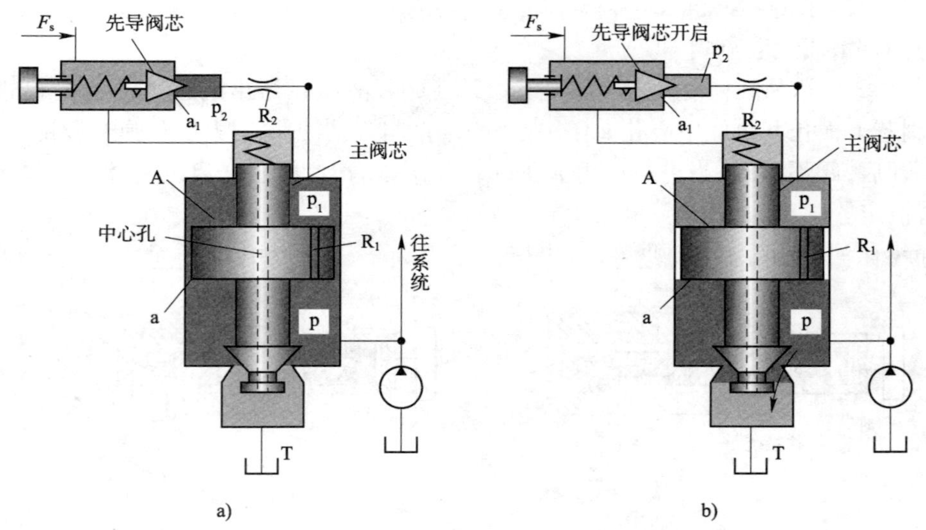

图 20-4　先导溢流阀工作过程

当 P 口通到 T 口溢流后，进口压力降了下来，那么 P_1 压力和 P_2 压力也降下来，当 P_2

降到不能推动先导阀阀芯时，先导阀关闭，主阀芯就又处于一个平衡状态了。使得系统为恒定的值。由于上面的工作过程可知，先导阀的开启压力是主阀进口压力经过两个阻尼孔降压过的压力，因此主阀的调定的压力可以很高，而先导阀也不用做得很大。

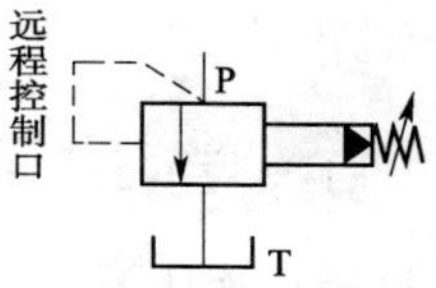

远程控制口　P　T

图 20-5　先导溢流阀图形符号

先导型溢流阀的图形符号如图 20-5 所示。

二　任务实施

1 准备工作

(1)透明直动型溢流阀 4 只。

(2)透明先导型溢流阀 4 只。

(3)直动型实物阀 4 只。

(4)液压基本型试验台 4 台。

(5)小型拆装工具 4 套。

(6)柴油、气吹等装配部件所需的元件。

(7)直动型溢流阀和先导型溢流阀的工作原理动画视频。

2 技术要求与注意事项

(1)将实物油口与符号油口一一对应。

(2)对着实物描述阀的工作原理。

(3)明确直动阀和先导阀的区别。

3 操作步骤

(1)观察透明直动溢流阀的构造、油口及符号。每个组分发一个透明直动型溢流阀，找到直动型溢流阀的符号，与透明直动型溢流阀进行对应，然后再拆卸透明直动型溢流阀，观察直动型溢流阀的构造。

(2)掌握直动型溢流阀的工作原理和作用。装配直动型溢流阀，用透明阀来描述其工作原理，掌握溢流阀的作用。

(3)总结直动型溢流阀的使用场合和构造特点。小组讨论并总结直动阀的构造特点、符号、与实物油口的对应、工作原理、使用场合，并将结果互相交流。

(4)观察透明先导型溢流阀的构造、油口及符号。先抄写先导型溢流阀的符号，再在实物上找出先导阀和主阀，然后将先导阀符号与实物进行一一对应。

(5)观看直动型和先导型溢流阀的动作视频。观看视频，理解手上的透明阀实物的工作原理。

(6)对比描述先导型溢流阀的工作原理。对着实物分清先导阀和主阀，再分清各个油口的名称，然后描述工作原理，尤其是阻尼小孔的作用。

(7)小组讨论直动型溢流阀和先导型溢流阀的区别与联系。从构造、符号、原理等多个角度列表比较直动阀和先导阀的异同。

(8)搭建溢流阀的连接油路。每个组发放溢流阀连接回路图，识别图中溢流阀的符号，分析溢流阀与主油路的连接关系，然后在试验台上连接油路并检查油路，掌握溢流阀的作用。

三 学习扩展

溢流阀在液压系统中可以起到溢流定压、安全保护、远程调压、使泵卸荷和形成背压等多种作用,这里重点介绍溢流阀的溢流定压和安全保护作用。

1 溢流定压

如图 20-6 所示,在"定量泵 + 节流阀"的回路中,溢流阀起溢流定压作用。当系统不需要定量泵供应那么多的流量时,就通过溢流阀溢流多余的油液,所以,溢流阀一直处于开启状态,保证压力恒定。

2 安全保护

如图 20-7 所示,溢流阀与变量泵配合使用,用来限定系统的最高压力,做系统的安全阀。其工作过程是,系统正常工作时,安全阀关闭,不溢流,只有在系统发生故障,压力出现异常超过了溢流阀的调定压力,阀口打开,进行溢流,保护系统。一般此时溢流阀的调节压力为系统最大工作压力的 1.1 倍。

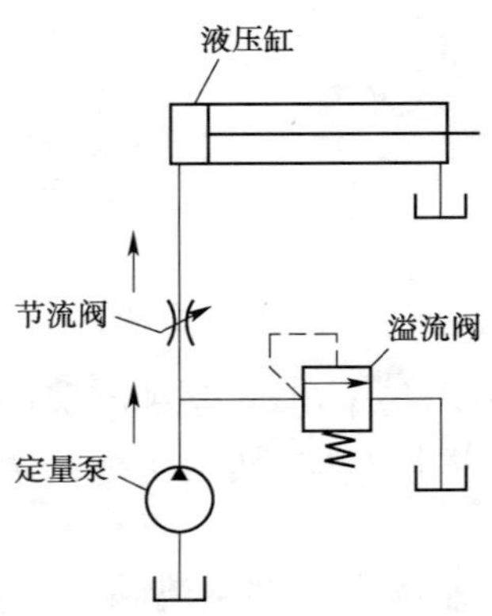

图 20-6 溢流阀溢流定压

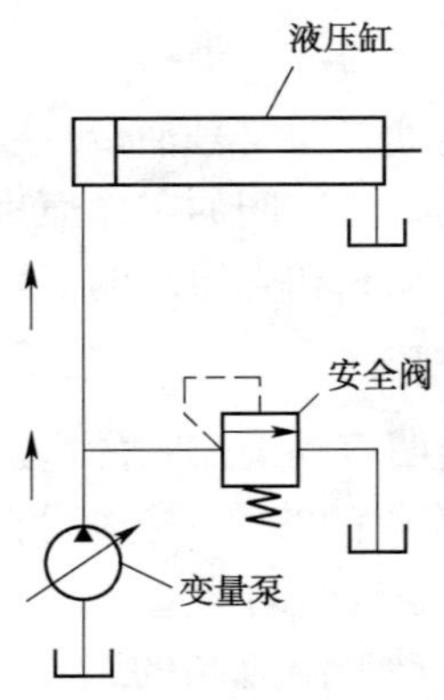

图 20-7 溢流阀起安全保护作用

四 评价与反馈

1 自我评价

(1)通过本学习任务的学习你是否已经知道以下问题:

①直动型溢流阀是如何工作的?________________________。

②先导型溢流阀是如何工作的?________________________。

③溢流阀的图形符号是如何画的?________________________。

(2)在完成实训任务的过程中使用了哪些教学器材?还需要什么其他的教学器材?

____。

(3)实训过程完成情况如何?

____。

(4)通过本学习任务的学习,你认为自己的知识和技能还有哪些欠缺?

____。

签名:____________　　________年____月____日

❷ 小组评价(表 20-1)

小组评价表　　表 20-1

序号	评价项目	评价情况
1	着装是否符合要求	
2	是否能合理规范地使用仪器和设备	
3	是否按照安全和规范的流程操作	
4	是否遵守学习、实训场地的规章制度	
5	是否能保持学习、实训场地整洁	
6	团结协作情况	

参与评价的同学签名:______________________　　________年____月____日

❸ 教师评价

____

____。

教师签名:____________　　________年____月____日

五　技能考核标准

根据学生完成实训任务的情况对学习效果进行评价。技能考核标准见表 20-2。

技能考核标准表　　表 20-2

序号	项目	操作内容	规定分	评分标准	得分
1	溢流阀构造、原理与符号	观察透明直动型溢流阀的构造、油口及符号	10 分	正确地将溢流阀的符号与实物油口进行了对应得 10 分	
2		对着实物描述直动型溢流阀的工作过程	15 分	正确地用实物阀描述了阀的工作过程得 15 分,描述不完整或错误的酌情扣分	
3		总结直动型溢流阀的使用场合和构造特点	10 分	正确地描述了直动阀的使用场合得 5 分;正确地指出了直动阀的构造特点得 5 分	
4		观察透明先导型溢流阀的构造、油口及符号	10 分	找出了先导溢流阀的两个组成部分得 3 分;正确地指出了先导型阀的油路名称得 3 分;正确地将先导型溢流阀符号与实物油口相对应得 4 分	
5		观看直动型和先导型溢流阀的动作视频	10 分	正确地在实物上找出视频中的构造得 10 分	
6		对比描述先导型溢流阀的工作原理	20 分	对着实物对比正确地描述阀了的工作原理得 20 分	

续上表

序号	项目	操作内容	规定分	评分标准	得分
7	溢流阀构造、原理与符号	讨论直动型与先导型溢流阀的异同	10分	正确地列举了直动型与先导型溢流阀的异同点得10分,描述不完整或有错误的酌情扣分	
8		搭建溢流阀的连接油路	15分	正确地搭建了溢流阀的连接油路得15分	
总分			100分		

学习任务21 减压阀、顺序阀、压力继电器的构造、原理与图形符号

知识目标

1. 理解减压阀、顺序阀的工作原理;
2. 掌握溢流阀、减压阀和顺序阀的异同;
3. 理解压力继电器的工作原理。

技能目标

1. 会画减压阀、顺序阀和压力继电器的图形符号;
2. 能指出减压阀、顺序阀及压力继电器的作用;
3. 会接压力继电器的油路。

建议课时

2课时。

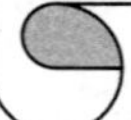

任务描述

实训室的压力阀有很多种,除了溢流阀之外,还有减压阀、顺序阀及压力继电器,请将这些阀按照图形符号区分开来,并安装到指定的油路中去。

一 理论知识准备

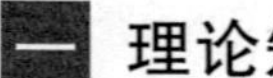

1 减压阀

减压阀是使出口压力低于进口压力的一种压力阀。它的作用是使系统的某一支路获

得比系统压力低而平稳的压力油，满足一个液压泵可以同时提供两个或几个不同压力的输出。减压阀主要用于设备的夹紧系统、润滑系统和控制系统。

减压阀可以分为定值减压阀、定差减压阀和定比减压阀，所谓定值减压阀是指输出压力是恒定值；定差减压阀是输入与输出压力差为恒值；定比减压阀是输入与输出压力间保持一定的比例。

减压阀也有直动式和先导式，直动式较少见，先导式应用得较多。下面就以先导式定值减压阀来说明减压阀的结构和工作原理。

2 先导式定值减压阀的工作原理

定值减压阀利用出口压力的反馈作用，自动控制阀口的开度，保证出口压力基本上为弹簧调定的压力。其结构图和图形符号如图 21-1 所示。

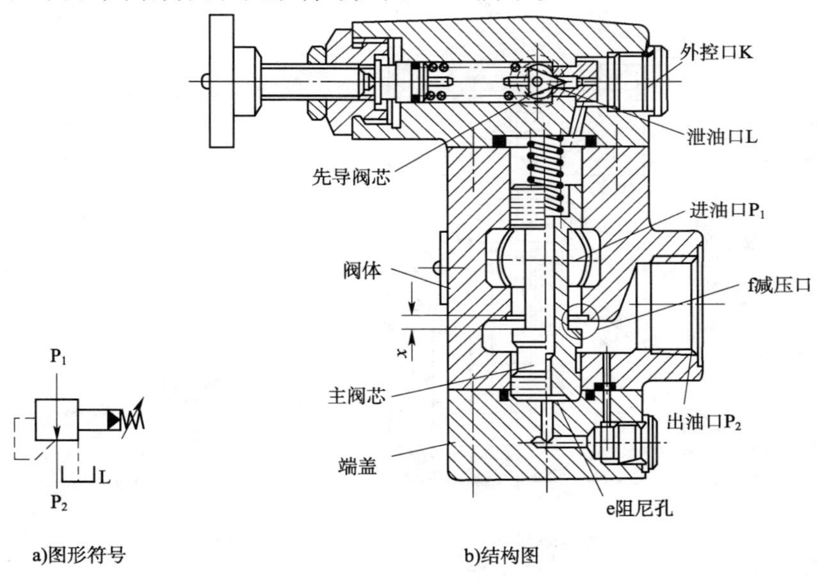

图 21-1 定值减压阀结构与图形符号

先导式定值减压阀由两部分组成，即先导阀和主阀。先导阀上设有外控口、泄油口和调压手轮，主阀上开设有进油口和出油口。其工作过程如下：压力油 p_1 从减压阀进口通入，经过主阀的减压口 x 流出后，压力降为 p_2，出油口 p_2 的油液经过阀体上的孔道进入以及阀芯中心的阻尼孔进入先导阀右腔。当出口压力 p_2 低于先导阀弹簧的调定压力时，先导阀关闭，充满在主阀芯孔道及阻尼孔中的油液未流动，主阀芯上下两腔油压基本相等，主阀芯在主阀弹簧的作用下处于最下端的位置，主阀芯减压阀口开度最大，减压阀基本不起减压作用。随着外负载的加大，当减压阀出口压力 p_2 升高，升高到先导阀弹簧的调定压力时，先导阀开启，先导阀右腔的油液经泄油口流回油箱。主阀芯下腔的油液经油道及阻尼孔就开始流动，由于阻尼孔的阻尼作用使得减压阀主阀芯上下两腔产生压力差，主阀芯在此压差的作用下向上抬起，减压阀口 x 减小，主阀进出口压差加大，由于出口压力由先导阀弹簧调定是恒定的，因此这时进口压力 p_1 会升高，减压阀开始起减压作用，出口压力 p_2 保持恒定。

减压阀阀口是常开的，先导阀芯的开启依靠出口压力来控制，其目的就是保证出口压力基本恒定。由于减压阀的出口通减压系统,因此减压阀内部的泄油必须设置单独的泄油口通油箱。

3 顺序阀

顺序阀利用进口压力来控制阀芯的启闭,以实现各执行元件依次顺序动作。根据结构可分为直动式和先导式,直动式多用于低压,先导式多用于高压;依据阀芯开启控制压力的不同,可以分为内控式和外控式,内控式是用阀进口的油液控制阀芯开启的,外控式是外来的控制压力油控制阀芯开启的。

1)直动式顺序阀

图 21-2 所示为直动内控式顺序阀的结构及图形符号;图 21-3 是直动外控式顺序阀的工作原理图和图形符号。

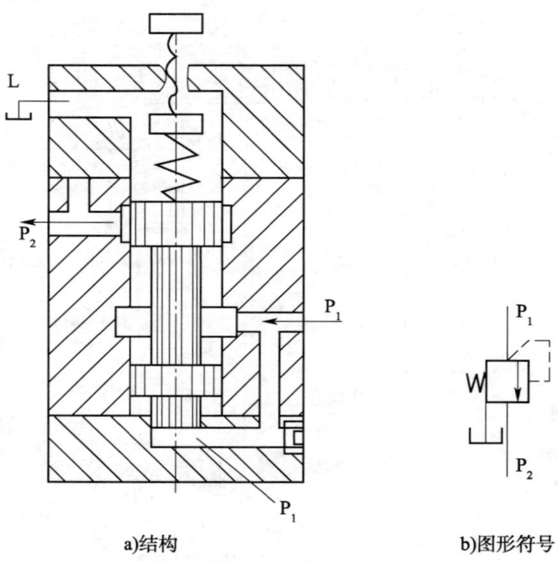

图 21-2　直动内控式顺序阀结构与图形符号

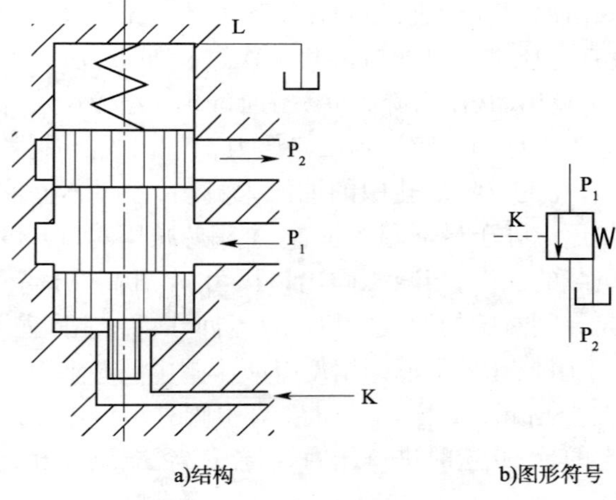

图 21-3　直动外控式顺序阀结构与图形符号

直动内控式顺序阀的工作过程：油液从进油口 P_1 进入，经过阀体上的油道进入主阀芯下腔，作用在阀芯的底部。阀芯靠弹簧的预压紧力处于最低的位置，进油口和出油口不相通。当进油口的压力不断升高，作用在阀芯下端的液压油的液压力大于弹簧的预压紧力时，阀芯向上移动，阀口打开，液压油便从出油口流出，去控制其他执行元件动作。由于顺序阀的出口连接下一个执行元件，因此顺序阀弹簧腔的泄油必须单独外接油箱。

直动外控式顺序阀的工作过程：外控式顺序阀阀芯开启靠控制口 K 的油液压力的高低来控制。当 K 口油液压力较低时，阀芯不开启，P_1 口的油液不能从 P_2 口出来，当 K 口的油液压力升高至大于弹簧的预压紧力时，阀芯开启，P_1 口的油液就从 P_2 口流出来去控制顺序动作的执行元件。

2）先导式顺序阀

先导式顺序阀如图 21-4 所示。

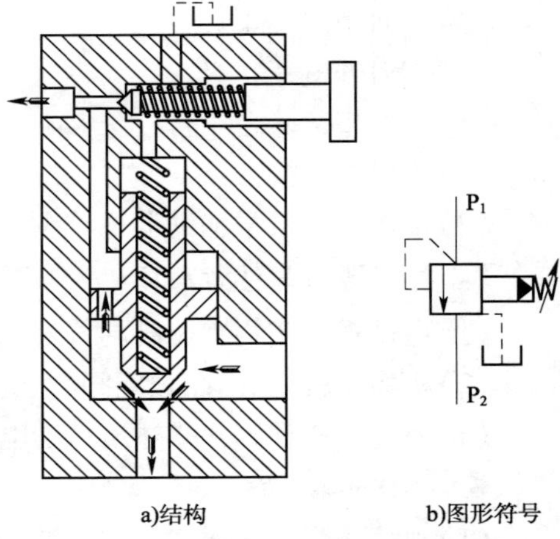

图 21-4　先导式顺序阀的结构与图形符号

先导式顺序阀与先导式溢流阀工作原理基本类似，也是通过进口压力经内部阻尼小孔作用在先导锥阀上，当压力达到能打开先导锥阀时，阻尼小孔中的油液就流动起来，在阻尼小孔的前后两腔产生压差，此压差去推动主阀弹簧，使主阀芯开启，进、出油口互通，顺序动作就出现。

4 压力继电器

压力继电器是一种将液压油的压力信号转换成电信号的电液控制元件。当压力继电器的进口压力达到压力继电器的调定压力时，即发出电信号，以控制电磁铁、电磁离合器、继电器等元件，使油路卸压、换向、执行元件实现顺序动作等。图 21-5 所示为柱塞式压力继电器的结构示意图和图形符号。

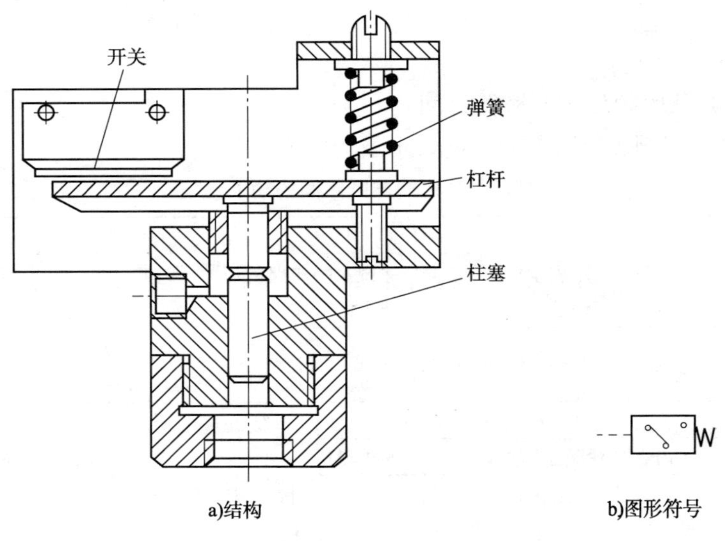

图 21-5　压力继电器结构与图形符号

二 任务实施

1 准备工作

(1)透明减压阀4只。

(2)透明顺序阀4只。

(3)止回顺序阀4只。

(4)压力继电器4只。

(5)基本型试验台4台。

(6)管件等连接油路。

(7)工作页的教学辅助器材。

2 技术要求与注意事项

(1)通过观察实物掌握阀的符号、结构和原理。

(2)实物比较溢流阀、减压阀与顺序阀的异同。

(3)通过实物理解并描述压力继电器的工作原理。

3 操作步骤

(1)观察透明减压阀、顺序阀,观察符号并讲述原理。发放透明阀,观察透明阀的符号、油口和构造,观看减压阀和顺序阀的动作视频,用实物讲述减压阀和顺序阀的工作原理。

(2)比较溢流阀、减压阀和顺序阀的不同。通过实物观察,列表从控制压力、出油口、泄漏方式、符号、连接方式、功用等角度比较三个阀的异同。

(3)连接单向顺序阀的油路。完成单向顺序阀油路的连接。首先按照给定的连接油路图,分析油路,选取止回顺序阀,在试验台上完成油路的连接。

(4)连接压力继电器油路。给出压力继电器连接油路,根据油路符号选出压力继电器实物,连接压力继电器的油路,掌握压力继电器的作用,领会压力继电器的工作原理。

三 学习扩展

1 溢流阀、减压阀与顺序阀的异同

表21-1对溢流阀、减压阀与顺序阀的功能进行了比较。

溢流阀、减压阀与顺序阀的功能比较 表21-1

项目	溢流阀	减压阀	顺序阀
功用	稳压、定压、安全保护系统	降低系统某一支路的压力,保持出口压力恒定	控制执行元件动作的先后顺序
控制油路	进油口油压 p_1 来控制	出油口油压 p_2 来控制	内控式是靠阀进口油液控制,外控式靠外来控制压力油来控制
出油口	出油口连接油箱	出油口连接减压回路	出油口连接顺序回路
泄漏方式	内泄式,泄漏至出油口	设单独外泄口	设单独外泄油口
阀芯常态	阀芯常闭,工作状态开启	阀芯常开,工作状态阀口大小变化	阀芯常闭,工作状态起顺序作用时开启
与系统的连接方式	并联	与减压油路系统串联	与顺序回路串联

2 顺序阀的顺序回路

（1）止回顺序阀回路。如图 21-6 所示，止回顺序阀由止回阀与顺序阀并联组合而成。是一个阀芯起两个作用，当油液从 P_1 油口进入时，止回阀关闭，顺序阀起控制作用；当油液从 P_2 油口进入时，油液经止回阀从 P_1 口流出。

止回顺序阀可以当平衡阀使用，其使用的回路图如图 21-7 所示。

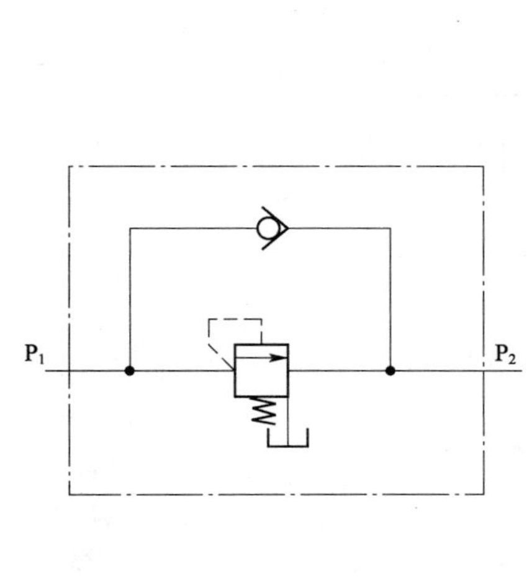

图 21-6　止回顺序阀图形符号

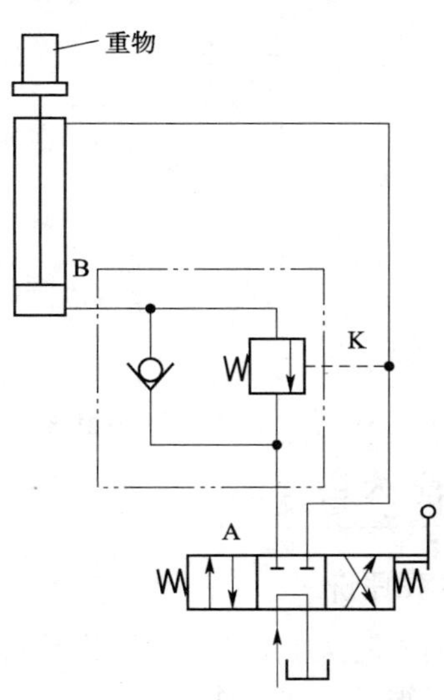

图 21-7　止回顺序阀起平衡阀作用

其工作过程如下：在立式液压缸或者升降液压马达下降时，重物负载就转化为下降的驱动力，很容易造成超速和冲击，此时在液压缸的回油路上加装平衡阀就可以增加液压缸或液压马达的回油阻力，控制活塞的下降速度，提高下降的平稳性。

当换向阀处于左位时，泵口的油液经平衡阀的止回阀后进入液压缸下腔，起升重物；当换向阀处于右位时，泵口的油液进入液压缸的上腔，同时通过远程控制口 K 进入顺序阀，当控制压力达到调定值时，顺序阀开启，无杆腔的油经顺序阀、换向阀回油箱，活塞缓慢下降。一旦重物超速下降，液压缸有杆腔的压力减小，同时，控制口 K 的压力也减小，顺序阀开口减小，缸回油阻力加大，重物连同活塞的下降速度减慢，提高了运动的平稳性。

（2）顺序阀控制的顺序动作回路。如图 21-8 所示，用顺序阀实现①②③④的顺序动作。其工作过程是：当换向阀处于右位时，液压泵的油液进入 B 缸的左腔，B 缸活塞向右移动，实现动作①；当 B 缸的活塞接触到工件后系统压力升高，当压力升高到能打开单向顺序阀 2 时，压力油进入 A 缸左腔，A 缸活塞向右移动，实现动作②；回程时，换向阀在左位工作，首先油液进入 A 缸的有杆腔，动作③出现，当活塞运行至终点后，系统压力升高，打开顺序阀 3，出现动作④。

在这种回路中，顺序阀的调定压力要比先动作的执行元件高，才能保证依次出现顺序动作。

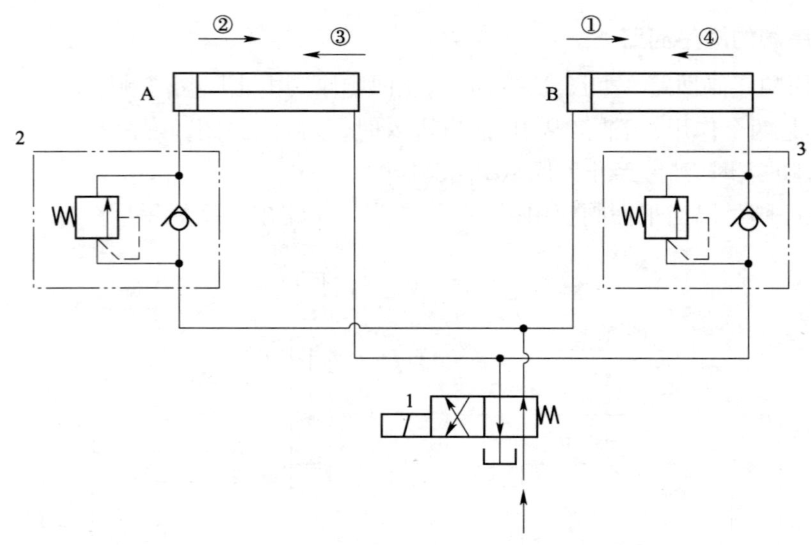

图 21-8　顺序阀控制的顺序动作回路

四 评价与反馈

1 自我评价

(1)通过本学习任务的学习你是否已经知道以下问题:

①减压阀是如何工作的? ______________________________。

②顺序阀是如何工作? ______________________________。

(2)在完成实训任务的过程中使用了哪些教学实物阀,还需要哪些教学实物阀?

______________________________。

(3)实训过程完成情况如何?

______________________________。

(4)通过本学习任务的学习,你认为自己的知识和技能还有哪些欠缺?

______________________________。

签名:______________　________年____月____日

2 小组评价(表 21-2)

小 组 评 价 表　　表 21-2

序号	评 价 项 目	评 价 情 况
1	着装是否符合要求	
2	是否能合理规范地使用仪器和设备	
3	是否按照安全和规范的流程操作	
4	是否遵守学习、实训场地的规章制度	
5	是否能保持学习、实训场地整洁	
6	团结协作情况	

参与评价的同学签名:______________________　________年____月____日

❸ 教师评价

____

____。

教师签名：__________　　________年____月____日

五　技能考核标准

根据学生完成实训任务的情况对学习效果进行评价。技能考核标准见表21-3。

技能考核标准表　　表21-3

序号	项目	操作内容	规定分	评分标准	得分
1	减压阀、顺序阀和平衡阀的构造、原理与符号	观察透明减压阀、顺序阀，观察符号并讲述原理	30分	对着实物将减压阀符号与实物对应准确得15分； 顺序阀符号与实物相对应正确得15分	
2		比较溢流阀、减压阀和顺序阀的不同	30分	从油口、功能、泄油口等方面描述三类阀的差异正确，每一个项目陈述准确得6分	
3		连接止回顺序阀的油路	20分	正确地连接了止回顺序阀的油路得20分	
4		连接压力继电器的油路	20分	正确地连接了压力继电器的电路得20分	
总分			100分		

学习任务22　绘制多路组合阀的图形符号

知识目标

1. 深刻理解符号来表示原理的方法；
2. 深刻理解符号与实物阀工作原理之间的关系；
3. 建立识图和识物之间的关系。

技能目标

1. 能够判断并识别多路阀的各油口名称；
2. 能够清楚实物阀各油口之间的内部油路关系；
3. 会画实训阀的图形符号。

建议课时

4课时。

有一个由六个单片阀组合成的多路组合阀标签已经消失了，现在请你根据已经学到的知识，打开多路阀，分析每路阀的工作原理，画出每路阀的图形符号，然后再画出整个多路组合阀的图形符号。

一 理论知识准备

多路组合阀是一种集中布置的组合式手动阀，各路单阀靠螺栓连接在一起，每一路单阀有一个操作手柄，可以同时控制多个执行元件。这些多路阀共用一个进油口和一个回油口。多路组合阀的组合方式有并联式、串联式和顺序单动式。

1 并联式

并联式油路如图 22-1 所示，并联式组合时，泵可以同时对多路阀的每联阀供油，也可以只对其中的一联供油，各路供油之间互相独立，互不干扰。并联油路要求泵的流量比较大，泵的压力取决于执行元件中压力要求最高的那路阀，其动作的顺序取决于负载大小，负载相同，可实现同时动作，负载有大有小，负载小的阀也动作，负载大的阀后动作。

2 串联式

串联式油路如图 22-2 所示，泵依次向各执行元件供油，前一个执行元件的回油为后一个执行元件的进油的系统油路。串联系统可以实现多个执行元件同时动作，且每个执行元件都可以获得高的运动速度，但是压力是同时动作的执行元件的压力之和，一旦执行元件数量增多，系统克服外负载的能力将降低。

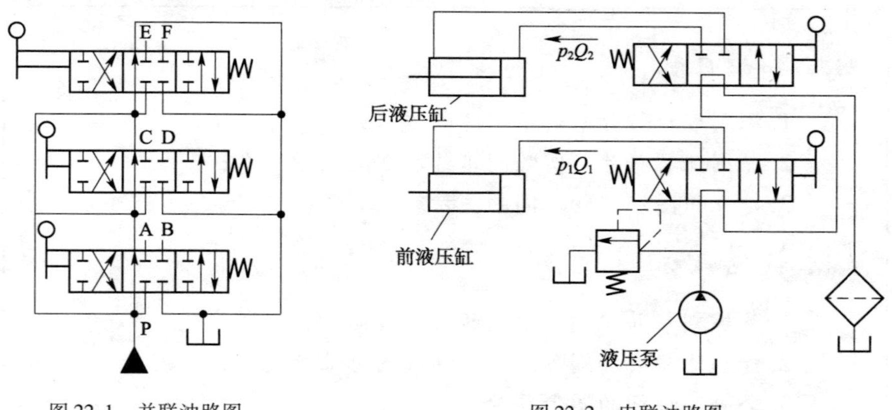

图 22-1　并联油路图

图 22-2　串联油路图

3 顺序单动式

顺序单动式回路中，泵只能按照顺序向各执行元件供油，操作前一个阀时就切断了后面阀的油路，从而可以避免执行元件动作间的干扰。这种系统不能实现复合动作，泵的压力和流量需要满足单个执行元件中的最大流量和最大压力，这种系统在任何情况下都只有一个执行元件在工作，可以防止误动作。

二　任务实施

1 准备工作

(1)准备多路组合阀两组,有条件的可以准备4组。

(2)阀的拆装工具2~4套。

(3)电线、油腔、气吹等部件。

2 技术要求与注意事项

(1)从外部油口出发摸索油路。

(2)使用通油、气吹等方式搞清楚油口油道的内部连通情况。

(3)时刻思索实物油路到底该如何用图形符号来表示。

(4)图形符号能与实物内部结构一一对应。

3 操作步骤

(1)识别多路组合阀名称及油口名称。分组分发实训阀,引导学生观察组合阀由哪些阀组成,确定每联阀的名称。观察阀外部油口,确定油口的名称。

(2)探索外部油口与内部油道之间的通路关系。采用电线穿通、铜丝穿通、油枪喷油、气吹吹气等方式确定外部油口与内部油槽油道的沟通关系。

(3)分析单联阀各位置油路。拆卸分配到的单联阀芯,数一数阀体中阀孔内的沉割槽有几道,确定每道沉割槽分别和那个油口接通,将阀芯放在中位、左位和右位,分析不同位置时油路接通关系。

(4)画出单联阀的图形符号。根据实物油路的关系,绘制单联阀的图形符号。先考虑画“位”的符号,再考虑画“通”的符号,最后再画控制方式和复位方式的符号。

(5)画出多联组合阀的图形符号。先分析两联阀的进油路和回油路连接关系,绘制两联阀的油路图,再绘制多联阀的油路图。

三　评价与反馈

1 自我评价

(1)通过本学习任务的学习,回答下列问题:

①多路组合阀的连接方式有哪些?________________________。

②本实训阀的连接方式是哪一种?________________________。

(2)在完成实训任务的过程中都使用了哪些工具和器材?

____。

(3)任务完成情况如何?

____。

(4)通过本学习任务的学习,你认为自己的知识和技能还有哪些欠缺?

____。

签名:____________　　________年____月____日

❷ 小组评价(表22-1)

小组评价表 表22-1

序号	评价项目	评价情况
1	着装是否符合要求	
2	是否能合理规范地使用仪器和设备	
3	是否按照安全和规范的流程操作	
4	是否遵守学习、实训场地的规章制度	
5	是否能保持学习、实训场地整洁	
6	团结协作情况	

参与评价的同学签名:____________________ ________年____月____日

❸ 教师评价

____

____。

教师签名:____________ ________年____月____日

四 技能考核标准

根据学生完成实训任务的情况对学习效果进行评价。技能考核标准见表22-2。

技能考核标准表 表22-2

序号	项目	操作内容	规定分	评分标准	得分
1	绘制多路组合阀的图形符号	识别多路组合阀名称及油路名称	15分	准确地识别了多路组合阀的名称得7分; 正确地确认油口的名称得8分	
2		探索外部油口与内部油道之间的通路关系	15分	通过探索正确地指出了外部油口与内部油道之间的连接关系得15分,每错一个油道扣3分	
3		分析单联阀的中位、左位及右位的油路	20分	通过探索在实物上正确地描述了单联阀中位、左位及右位的油路连接关系,每错一个位置扣8分	
4		画出单联阀的图形符号	25分	正确完整地画出了单联阀的图形符号得25分,有错误酌情扣分	
5		画出多联组合阀的符号	25分	正确完整地画出了多路组合阀的图形符号得25分,每错一处扣5分	
总分			100分		

项目九　流量控制阀的构造、原理与图形符号

学习任务23　节流阀、止回节流阀构造、原理与图形符号

知识目标

1. 掌握节流阀与单向节流阀的作用；
2. 掌握节流阀和单向节流阀的图形符号意义；
3. 节流阀和单向节流阀的工作原理。

技能目标

1. 能够识别节流阀和单向节流阀的图形符号；
2. 会画节流阀和单向节流阀的图形符号；
3. 会在系统中分析单向节流阀和油路流向原理。

建议课时

2课时。

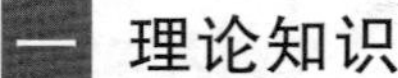

任务描述

实训室里电液换向阀坏掉了，师傅准备自己制作一个三位四通的电液换向阀，请你用所给的材料，来帮师傅连接这个电液换向阀的油路。

一　理论知识准备

1　普通节流阀

普通节流阀是最基本最简单的流量阀，它相当于一个可变节流口，通过改变节流口的

过流面积或者过流长度来控制流量，进而控制执行元件的速度。图 23-1 为一种普通节流阀的结构和图形符号。这种节流阀由阀体、阀芯、弹簧和手轮等部件组成。其节流阀芯是轴向三角槽式。其工作过程是：压力油从进油口进入，流经三角槽节流口从出油口流出。调节手轮，可使阀芯沿轴向移动，可以改变三角槽的通流截面积，进而调节流量。这种节流阀进出油口可以互换。

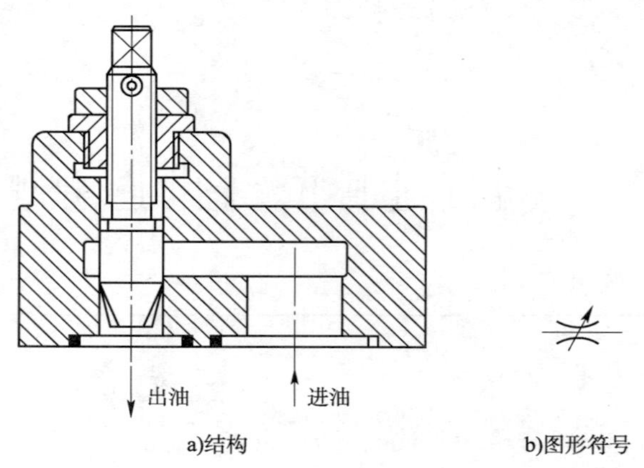

a)结构　　b)图形符号

图 23-1　普通节流阀结构和图形符号

2 典型节流口的形式与特点

为了保证流量稳定，节流口的形式以薄壁小孔最为理想。图 23-2 是常见的节流口形式。图 23-2a)为针阀式节流口，利用针阀做轴向移动时，改变了针阀环形通道的大小，进而改变通流量。针阀式节流通道长，易堵塞，流量受油温变化的影响大，一般用于要求较低的场合。

图 23-2b)为偏心槽式节流口，在阀芯上开一个截面为三角形的偏心槽，当转动阀芯时，就可以改变通道大小，从而调节流量。这种节流口容易加工，但是易受径向不平衡力，调节流量比较费劲，多用于压力低、流量大，对流量稳定性要求不高的场合。

图 23-2c)是轴向三角槽式节流口，在阀芯顶端开设有一个或者两个斜的三角槽，轴向移动三角槽就能改变三角槽通流面积，进而调节了流量。轴向三角槽式节流口结构简单，水力直径中等，可得到较小的稳定流量，且调节范围大，目前得到了广泛的应用。

图 23-2d)是周向缝隙式节流口，沿阀芯周向开设有狭长缝隙，转动阀芯就可以改变开口大小。阀口做成薄刃结构，通道短，不易堵塞，油温变化影响小，适用于低压小流量场合。

图 23-2e)是轴向缝隙式节流口，在阀芯的衬套上开有轴向缝隙，轴向移动阀芯可改变缝隙通流面积大小。这种节流口对温度不敏感，在小流量时的稳定性好。

3 止回节流阀

止回节流阀工作原理如图 23-3 所示，当油液正向流动时，起节流阀的作用，当油液反向流动时，起止回阀的作用。止回节流阀可以看作是止回阀与节流阀的组合阀，也可以是节流阀与止回阀共用一个阀芯(图 23-4)。

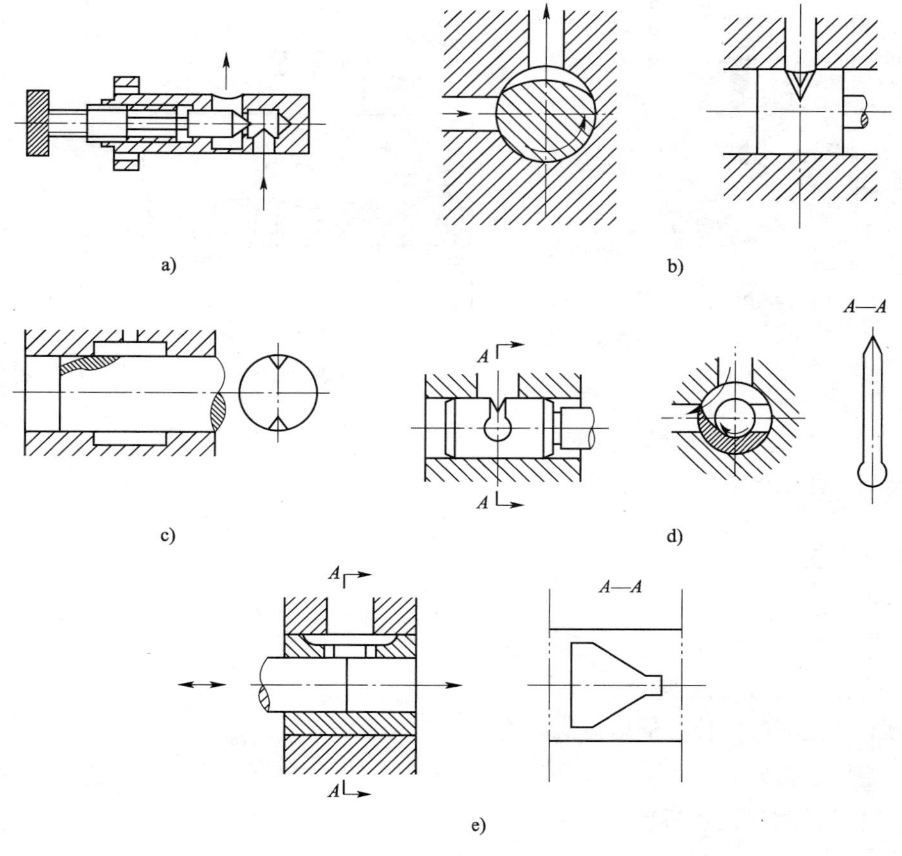

图 23-2　常见节流口的形式

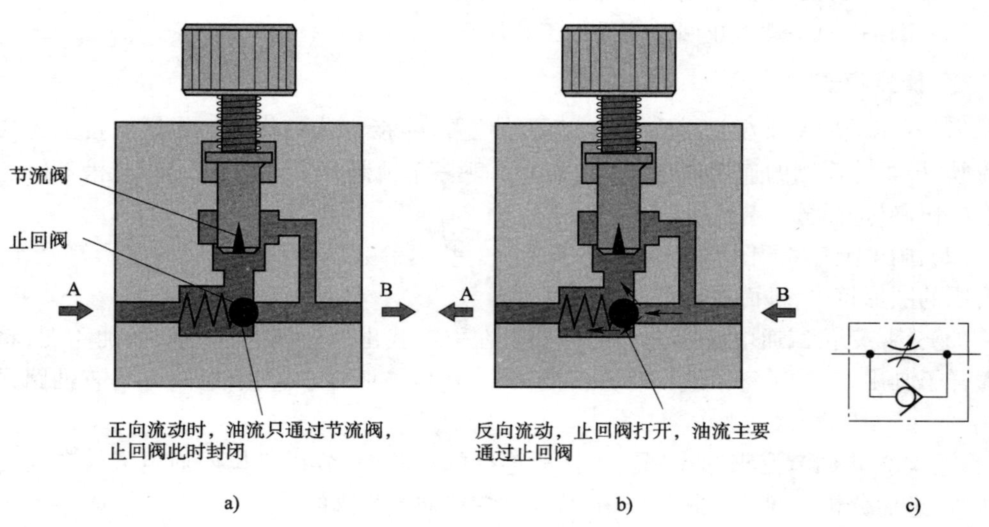

图 23-3　止回节流阀工作原理

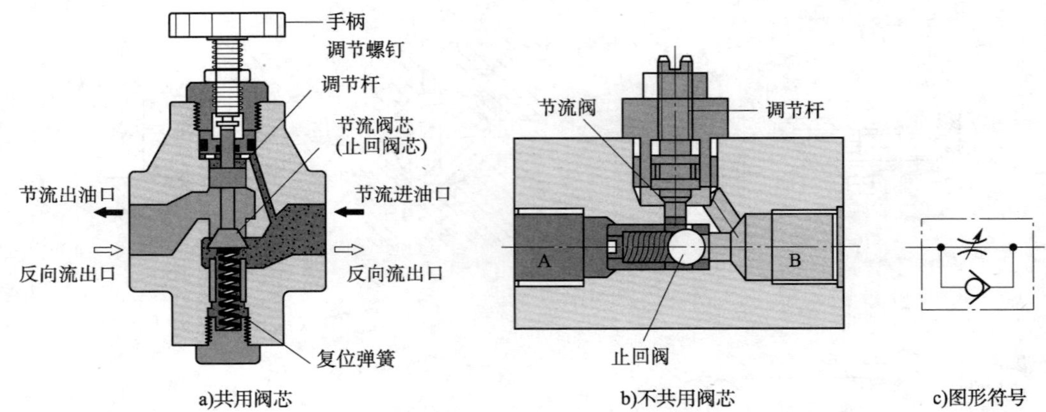

图 23-4 止回节流阀结构

二 任务实施

1 准备工作

(1)准备透明液压试验台。

(2)透明节流阀和止回节流阀若干个。

(3)三位四通液动阀四个。

(4)Y 形机能的三位四通电磁阀四个。

(5)单向节流阀 8 个。

2 技术要求与注意事项

(1)注意止回节流阀的正向和反向,在油路连接时不要接反。

(2)节流阀的工作原理由学生探索并内化掌握。

(3)用连接回路理解止回节流阀的工作原理。

3 操作步骤

(1)找出透明基本型试验台中节流阀的位置、连接方式和作用。在试验台上先找出节流阀,摸索节流阀的连接油路,起动试验台,观察节流阀开度大小不一致时,液压缸速度动作的快慢,进而分析节流阀的作用。

(2)画出节流阀的图形符号,掌握节流阀的基本参数。识别节流阀的图形符号,绘制节流阀的图形符号,进而查询节流阀的基本参数。

(3)连接三位四通电液换向阀的油路。在书中找出三位四通电液阀的油路图,将其照着样子画出来,然后每个组自行分析油路图,然后按照要求连接油路,并检查油路是否正确。

(4)分析止回节流阀的作用。根据所连接的油路图,分析三位四通电液换向阀的工作过程,进而分析止回节流阀的作用,从而掌握单向节流阀的作用。

(5)用实物透明阀描述止回节流阀的工作原理。结合上面的实训过程,用实物透明阀来描述止回节流阀的工作过程。

三 学习扩展

图 23-5 所示是用止回节流阀进行速度控制的平面磨床系统。平面磨床工作台液压缸是一个双杆双作用液压缸,为了使磨床往复运动时工作平稳,需要对液压缸的运动速度进行调节和控制。此回路中就使用了止回节流阀为速度控制元件。其工作过程是:当换向阀处于中位时,液压缸处于锁定状态,液压泵泵出的油经过溢流阀流回油箱;当扳动手柄,使换向阀处于左位工作时,此时压力油经止回阀 1 进入液压缸左腔,活塞向右移动,回油节流阀 2 回油,节流阀 2 可调节回油量,进而可调节工作台向右运动的速度。当换向阀处于右位时,使用节流阀 1 调节回油量,进而调节工作台向左运动的速度。

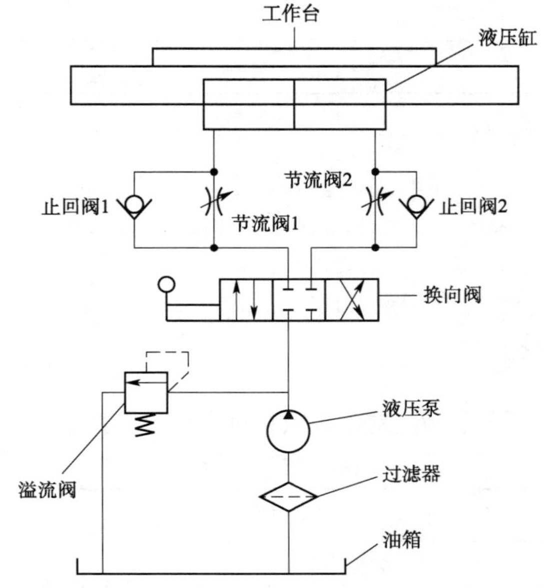

图 23-5　止回节流阀进行速度控制的平面磨床系统

四 评价与反馈

1 自我评价

(1)通过本学习任务的学习你是否已经知道以下问题:

①常见的节流口有哪些?______________________________。

②止回节流阀是如何来工作的?______________________________。

(2)搭建油路的过程中需要考虑什么问题?

______________________________。

(3)实训过程完成情况如何?

______________________________。

(4)通过本学习任务的学习,你认为自己的知识和技能还有哪些欠缺?

______________________________。

签名:__________　　________年____月____日

❷ 小组评价(表 23-1)

小 组 评 价 表　　表 23-1

序号	评 价 项 目	评 价 情 况
1	着装是否符合要求	
2	是否能合理规范地使用仪器和设备	
3	是否按照安全和规范的流程操作	
4	是否遵守学习、实训场地的规章制度	
5	是否能保持学习、实训场地整洁	
6	团结协作情况	

参与评价的同学签名:________________　________年____月____日

❸ 教师评价

____

____。

教师签名:____________　________年____月____日

五 技能考核标准

根据学生完成实训任务的情况对学习效果进行评价。技能考核标准见表 23-2。

技能考核标准表　　表 23-2

序号	项目	操 作 内 容	规定分	评 分 标 准	得分
1	节流阀与止回节流阀构造、拆装与原理	找出透明基本型试验台中的节流阀的连接方式和作用	20 分	找到了节流阀的正确位置得 5 分; 正确描述了节流阀的油路连接关系得 10 分; 正确陈述了节流阀的作用得 5 分	
2		画出节流阀的图形符号,掌握节流阀的基本参数	15 分	正确地找到并画出了节流阀的图形符号得 10 分; 查阅节流阀的参数得 5 分	
3		连接三位四通电液阀的油路	30 分	正确地连接了三位四通电液阀的油路得 30 分,每错一处扣 5 分	
4		分析止回节流阀的作用	15 分	正确地陈述了止回节流阀的作用得 15 分,其他酌情扣分	
5		描述止回节流阀的工作原理	20 分	正确地描述了止回节流阀的工作过程得 20 分	
总分			100 分		

学习任务24　调速阀构造、原理与图形符号

知识目标

1. 掌握减压式调速阀的构造特点与工作原理；
2. 掌握溢流式调速阀的构造特点与工作原理；
3. 理解调速阀的用途。

技能目标

1. 能辨识减压式调速阀、溢流式调速阀的图形符号和简化图形符号；
2. 能在系统中正确接入减压式调速阀和溢流式节流阀。

建议课时

4课时。

任务描述

普通节流阀进行调速时受负载变化影响比较大，难以保持执行元件速度的稳定，仅适用于负载变化不大，速度稳定性要求不高的场合。为了改善调速系统的性能，一般使用调速阀来进行速度的控制。通过搭建机床调速系统的油路，掌握调速阀的结构、原理及图形符号。

一　理论知识准备

1　为什么要用调速阀？

普通节流阀工作流量在节流口开口一定的条件下受负载变化比较大，因此调速稳定性不太好。由于工作负载的变化在所难免，为了改善调速系统的性能，通常是采取措施对节流阀进行补偿，也就是使节流阀前后的压差在工作负载变化的情况下能够维持不变。通常采用两种方式来保持节流阀前后压差不变，一种是将定差式减压阀与节流阀串联起来构成调速阀；另一种是将稳压溢流阀与节流阀并联起来构成溢流节流阀。这两种阀都是用节流阀来调节通过的流量，定差减压阀和稳压溢流阀自动补偿负载变化的影响，使节流阀前后压差基本恒定，消除了负载变化对流量的影响。

调速阀一般用于执行元件负载变化较大而运动速度要求稳定的系统中,也可用于容积节流调速回路中。

2 调速阀

调速阀的工作原理图、详细图形符号和简化图形符号如图24-1所示。一般讲的调速阀都是指定差减压阀与节流阀串联所形成的阀。其工作过程如下:减压阀进口压力为p_1,出口压力为p_2,经过节流阀后流出的压力为p_3。出口压力p_2被引至减压阀的a腔和b腔,节流阀出口压力被引至减压阀的弹簧腔c,p_3压力大小由负载决定。

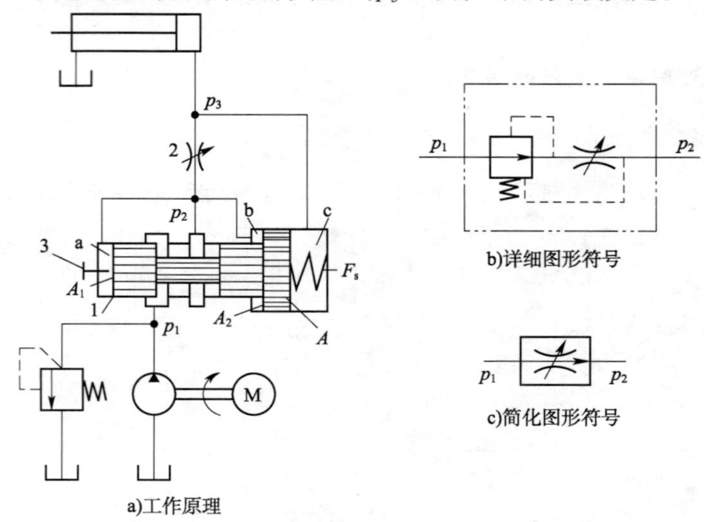

图24-1 调速阀的工作原理图、详细图形符号和简化图形符号

当外负载增大时,p_3压力升高,减压阀芯c腔压力升高,减压阀阀芯平衡被打破,减压阀阀芯向左移动,致使减压阀口增大,减压作用减弱,p_2压力升高,也就是说随着p_3压力升高,p_2压力也跟着升高,而节流阀阀口前后的压差p_2-p_3维持不变,节流阀在一定开度保持流量不变。当负载减小时,p_3减小,减压阀芯右移,减压阀口减小,致使p_2减小,但p_2-p_3不变,维持流量恒定。

这里需要说明的是,当负载一定,进口压力有变化时,调速阀仍旧能够维持前后压差恒定,流量恒定。定差减压阀可以串联在节流阀之前,也可串联在节流阀之后。

3 溢流节流阀

溢流节流阀由溢流阀与节流阀并联组合而成,如图24-2所示。其工作过程如下:从液压泵输出的油液压力为p_1,压力油p_1一路进入节流阀,一路进入溢流阀,进入节流阀的油液经节流口降压后压力降为p_2,p_2油液引入溢流阀的弹簧腔,与溢流阀进口油液相平衡,溢流阀一直处于溢流状态,溢流出的油液回油箱。当系统负载稳定时,p_2恒定,p_1-p_2压差恒定,溢流阀流量恒定,系统工作速度稳定。当外负载增大时,压力p_2升高,溢流阀弹簧腔的压力升高,使阀芯下移,关小溢流口,这样就使液压泵的供油压力p_1升高,从而使节流阀的前、后压差p_1-p_2基本保持不变,系统流量就保持恒定。反之,溢流口增大,节流阀前后压差亦不变。这种溢流阀一般都附带安全阀,防止系统过载。

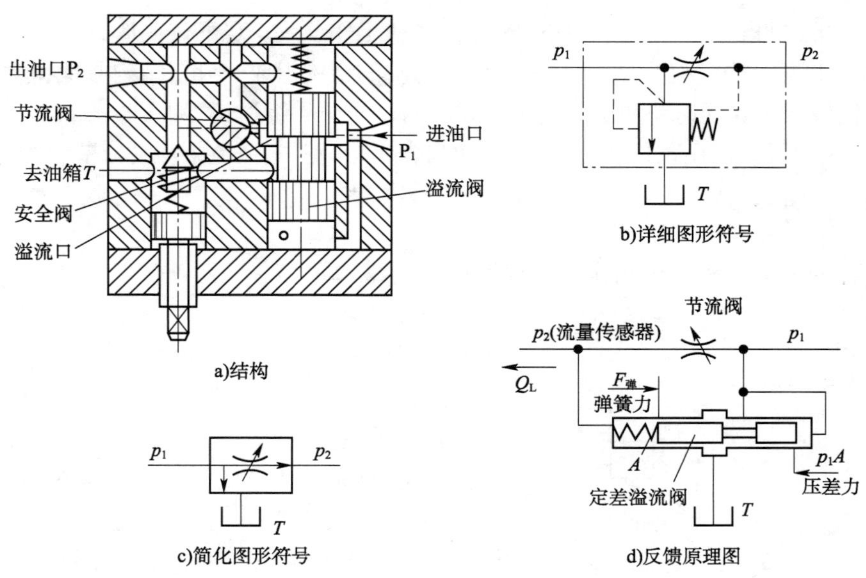

图 24-2　溢流节流阀结构及图形符号

溢流节流阀通过 p_1 随 p_2 的变化来使流量基本上保持恒定的,因而溢流节流阀具有功率损耗低,发热量小的优点。但是溢流节流阀中流过的流量比调速阀大,阀芯运动时阻力较大,弹簧较硬,使节流阀前后压差加大,因此它的稳定性稍差。

二　任务实施

1 准备工作

(1)透明减压式调速阀 4 只。

(2)透明溢流节流阀 4 只。

(3)机床调速系统图 4 份。

(4)减压式节流阀和溢流节流阀工作原理视频。

(5)基本型试验台以及搭建调速回路所用的阀等部件。

2 技术要求与注意事项

(1)通过实物理解图形符号的意义。

(2)通过搭建油路将图形符号、实物与作用连接起来。

(3)通过实物区分调速阀与溢流节流阀。

3 操作步骤

(1)分析透明减压式调速阀的油口、图形符号和工作原理。观察透明调速阀并画出调速阀的图形符号,将符号与实物阀油口相对应,探索调速阀的组成结构,分析其工作原理。

(2)分析机床调速系统中调速阀的工作过程。识别机床调速系统图中的调速阀,分析调速阀的调速过程,掌握调速阀的调速工作原理。

(3)搭建机床调速系统油路。仔细分析机床调速系统,选择系统所需要的实物阀,然后连接油路,检查油路,在整个实物系统中分析调速阀调速过程。

（4）分析透明溢流节流阀的油口、图形符号和工作原理。观察透明阀，画出溢流节流阀图形符号。观察透明溢流节流阀，分析溢流节流阀的结构组成。分析结构原理和使用场合。

（5）比较减压式调速阀和溢流节流阀调速的异同。小组讨论，阅读相关材料，从图形符号、结构组成、功用、使用条件、油路连接方面列表比较减压式节流阀与溢流节流阀的异同。

三 学习扩展

1 利用单向行程调速阀实现的速度换接回路

图 24-3 是机床的快速运动和工作进给运动的速度换接回路。此回路利用行程阀和调速阀形成速度换接的。在图示位置，液压缸左腔进油，右腔经行程阀回油，活塞快速右行。当快速运动到所需位置时，活塞上的挡块压下行程阀，将行程关闭，这是液压缸的油液必须通过调速阀 6 回油箱，活塞转换为工进，实现了速度的换接。当操作换向阀进入左位工作后，活塞向左移动，压力油经过止回阀进入液压缸右腔，液压缸快速退回。

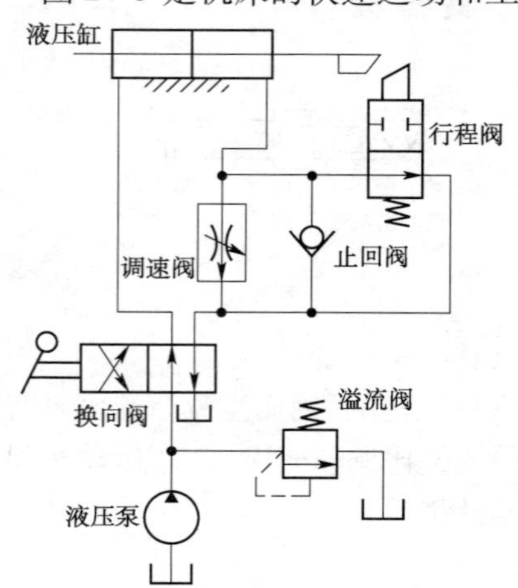

图 24-3　利用单向行程节流阀的速度换接回路

这种回路换接时位置精度高，冲出量小，运动速度的变换也比较平稳，因此机床液压系统中应用较多。

2 利用调速阀实现两种进给速度的换接回路

图 24-4 是两个调速阀并联实现两种工作进给速度换接的回路。速度的换接通过电磁阀来实现。两种进给速度互不影响，速度可单独调节，因此也导致一个调速阀工作时，另外一个调速阀中没有油液通过，它的减压阀处于完全打开的位置，在速度转换的瞬间也不起减压作用，容易出现部件突然前冲的现象。

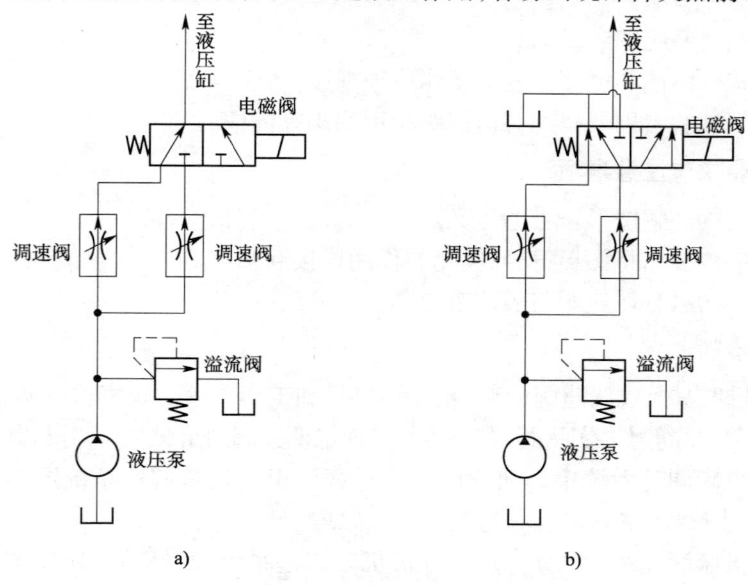

图 24-4　两个调速阀并联式速度换接回路

四 评价与反馈

1 自我评价

(1)通过本学习任务的学习你是否已经知道以下问题:

①减压式调速阀是如何工作的?______________________________________。

②溢流节流阀是如何工作的?______________________________________。

(2)在完成实训任务的过程中使用了哪些教学实物阀?

____。

(3)实训过程完成情况如何?

____。

(4)通过本学习任务的学习,你认为自己的知识和技能还有哪些欠缺?

____。

签名:____________ ________年____月____日

2 小组评价(表24-1)

小组评价表 表24-1

序号	评价项目	评价情况
1	着装是否符合要求	
2	是否能合理规范地使用仪器和设备	
3	是否按照安全和规范的流程操作	
4	是否遵守学习、实训场地的规章制度	
5	是否能保持学习、实训场地整洁	
6	团结协作情况	

参与评价的同学签名:____________________ ________年____月____日

3 教师评价

____

____。

教师签名:____________ ________年____月____日

五 技能考核标准

根据学生完成实训任务的情况对学习效果进行评价。技能考核标准见表24-2。

技能考核标准表 表24-2

序号	项目	操作内容	规定分	评分标准	得分
1	调速阀构造、拆装与原理	分析透明减压式调速阀的图形符号、油口和工作原理	15分	正确地将图形符号与实物对应得5分;在实物上描述调速阀的工作原理得10分	
2		分析机床调速系统中调速阀的工作过程	10分	正确描述了机床调速系统中调速阀的工作过程得10分,其他酌情给分	

续上表

序号	项目	操作内容	规定分	评分标准	得分
3	调速阀构造、拆装与原理	搭建机床调速系统油路	40 分	正确地按照图样搭建了机床调速系统的油路得 40 分,其他酌情扣分	
4		分析透明溢流节流阀的油口、图形符号及工作原理	15 分	正确地将图形符号与阀的实物一一对应得 5 分; 正确讲述了工作原理得 10 分	
5		比较减压式调速阀与溢流节流阀的异同	20 分	正确地从图形符号、结构组成、功用、使用条件、油路连接方式等角度比较了两者的不同,缺一个方面扣 5 分	
总分			100 分		

学习任务25 绘制装载机主控实物阀的图形符号

知识目标

1. 掌握用图形符号来表现原理的方法;
2. 深刻理解图形符号与实物阀工作原理之间的关系;
3. 进一步建立识图和识物之间的关系。

技能目标

1. 能够识别组合阀的各油口和各路阀的名称;
2. 能够演示装载机铲斗控制阀和大臂升降阀的工作过程;
3. 能够绘制装载机主控阀的系统图形符号。

建议课时

4 课时。

任务描述

有一个装载机主控阀的外部标签模糊了,看不清楚了,现在你需要用这个阀连接一个回路,请你根据所学的知识,弄清楚这个阀的工作原理,并画出这个阀的图形符号。

一 理论知识准备

本任务的实施,理论知识依据项目七～项目九中的理论知识。

二 任务实施

1 准备工作

(1)经过1/2剖切的装载机主控阀4只。

(2)装载机模型。

2 技术要求与注意事项

(1)从外部油口出发摸索油路。

(2)先进行中位油路的分析,再分析左位和右位的油路,最后再分析铲斗阀和动臂阀的动作关系。

(3)最后分析阀外部的溢流阀油路。

(4)清楚一些堵头的作用和功能。

3 操作步骤

(1)分析经过剖切的装载机主控阀外部的油口名称、确定铲斗阀和大臂阀。先确定外部的油管和油口有几个,再确定这几个油口油管的名称。一般是6个油口,1个进油口,1个回油口,另外4个是两联阀的工作油口。然后再确定那两联阀哪一个是铲斗阀哪一个是动臂阀。

(2)分析铲斗阀和动臂阀均未动作时阀的中位油路。将主控阀各路阀均放置在中位,分析中位油路,并绘制中位油路图。

(3)分析铲斗阀和动臂阀左右移动时油路流动过程。分析铲斗阀左右移动时进油路、回油路、工作油路的连接关系以及铲斗的相应动作。然后再分析动臂阀左右移动时的油路流向。然后再确认铲斗动作、动臂能否动作,并考虑过载阀何时起作用。

(4)绘制装载机主控阀的油路图。先绘制铲斗阀的图形符号,再绘制动臂阀的图形符号,再将两者的油路连接起来。

(5)将画出的油路图与实物一一对应。将绘制的图形符号与实物一一对应,检查图形符号是否正确。

三 评价与反馈

1 自我评价

(1)通过本学习任务的学习,回答下列问题:

①铲斗阀的图形符号是怎样的? ________________________________。

②铲斗阀与大臂阀是什么样的油路连接关系? ________________________。

(2)在完成实训任务的过程中都使用了哪些工具和器材?

____。

(3)任务完成情况如何?

____。

(4)通过本学习任务的学习,你认为自己的知识和技能还有哪些欠缺?

____。

签名:____________ ________年____月____日

2 小组评价(表25-1)

小组评价表 表25-1

序号	评价项目	评价情况
1	着装是否符合要求	
2	是否能合理规范地使用仪器和设备	
3	是否按照安全和规范的流程操作	
4	是否遵守学习、实训场地的规章制度	
5	是否能保持学习、实训场地整洁	
6	团结协作情况	

参与评价的同学签名:______________________ ________年____月____日

3 教师评价

____

____。

教师签名:____________ ________年____月____日

四 技能考核标准

根据学生完成实训任务的情况对学习效果进行评价。技能考核标准见表25-2。

技能考核标准表 表25-2

序号	项目	操作内容	规定分	评分标准	得分
1	绘制装载机主控阀的图形符号	分析经过剖切的装载机主阀外部的油口名称,确定铲斗阀和大臂阀	20分	正确地判断了油口的名称得10分; 正确地判断了铲斗阀和动臂阀的名称得10分	
2		分析铲斗阀和动臂阀均未动作时阀的中位油路	15分	正确地在实物阀上描述了阀的中位油路流向和各油口状态得15分,不能正确描述酌情扣分	
3		分析铲斗阀和动臂阀左右移动时油路流动过程	20分	正确地在实物阀上描述了铲斗阀和动臂阀左右移动时油路的流动过程得20分,只描述一个得10分	
4		绘制装载机主控阀的图形符号图	30分	正确地绘制了装载机主控阀各路油的工作原理图得30分	
5		将绘制的原理图与实物一一对应	15分	能正确地将原理符号图与实物一一对应得15分	
总分			100分		

项目十　辅助元件基本认知

学习任务26　油箱、蓄能器的基本认识

知识目标

1. 掌握油箱的作用；
2. 了解油箱的分类；
3. 理解油箱的构造特点；
4. 掌握蓄能器的作用；
5. 了解蓄能器的构造特点。

技能目标

1. 能说出油箱的外部构件的名称；
2. 能分辨油箱的构造特点；
3. 能在系统中正确地安装和拆卸蓄能器。

建议课时

4课时。

任务描述

实训室里购置的液压试验台已经有10多年了，好久没有用过了，师傅现在清理这个试验台，想让它能够再用起来。请你帮助师傅清理一下试验台的油箱以及蓄能器，并将蓄能器拆下来清理完毕。

一 理论知识准备

1 油箱

1)油箱的作用

一般来讲,油箱的作用有四个:储油、散热、分离油液中的空气、沉淀油液中的杂质。

2)油箱的分类

按照结构,油箱可以分为总体式和分离式。所谓总体式是利用机器设备机身内腔作为油箱,其结构紧凑,回收漏油容易,但维修、清理不便,散热条件不好。分离式油箱是指系统单独设置油箱,散热好、易维护、易清洁,应用较广泛。

按照油箱的液面是否与大气相通,油箱又可以分为开式油箱和闭式油箱。开式油箱与大气相通,靠大气压将油液压出去;闭式油箱内部有一定的压力,靠内部压力将油液压出去。

3)油箱的结构

开式油箱的结构如图26-1所示。可以看出油箱内部用隔板将吸油管和回油管隔开,吸油口装有滤油器,顶部装有空气滤清器,侧面安装有液位计,底部设有泄油口。油箱正常温度为15~65℃,在环境温度变化较大的场合要安装热交换器。

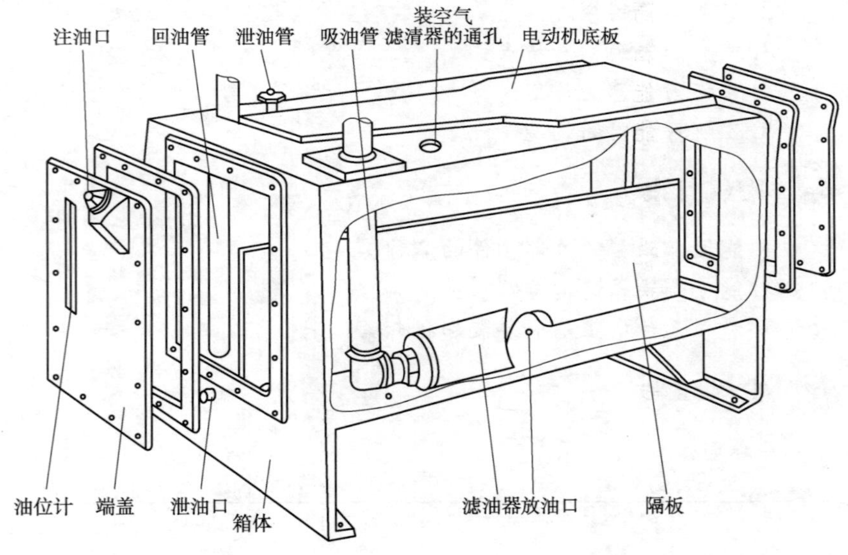

图26-1 开式油箱结构图

2 蓄能器

蓄能器是液压系统中的能量储存装置,在系统需要时可以释放液压能。它类似于电路系统中的蓄电池。

1)蓄能器功用

(1)做辅助动力源,短期内大量供油。当执行元件需要快速动作时,由液压泵和蓄能器同时向液压缸供油,提高其动作的速度。

(2)补偿泄漏并保持恒压。当执行元件需要长时间不动作且保压时,为降低能耗,使泵卸荷,利用蓄能器来补偿泄漏使压力恒定。

(3)做应急动力源。当电源突然中断或液压泵发生故障时,蓄能器可在短时间内向系统供应压力油,维持系统压力。

(4)缓和冲击,吸收脉动压力。当液压泵起动或停止、液压阀突然关闭或换向等情况下,系统中会产生液压冲击,在冲击源附近设置蓄能器,可以起缓和冲击和吸油脉动的作用。

2)蓄能器的分类

蓄能器根据结构不同,可以分为重力式、弹簧式和充气式。充气式是目前应用最广泛的一种。根据充气式内部油、气两者间隔条件的不同,充气式蓄能器分为活塞式和气囊式两种,它们的工作原理都是利用压缩气体来存储能量。

3)气囊式蓄能器的结构

图26-2是气囊式蓄能器的结构图。它由气囊、壳体、充气阀、提升阀等部件组成。气囊式蓄能器内部有一个液体腔和气体腔,气体腔中充入的是惰性气体,气密性的气囊将气体腔包裹起来,气囊的外部就是液体腔,液体腔通过提升阀与液压系统油路相通。当液压油通过该阀进入壳体时压缩气囊,当系统压力降低时则在气囊膨胀作用下向系统供油,维持系统的压力。在液压油全部排出时,该阀能防止气囊膨胀挤出油口。

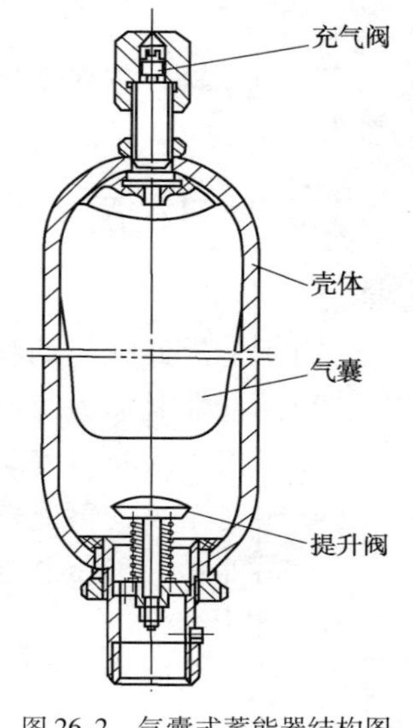

图26-2　气囊式蓄能器结构图

气囊式蓄能器惯性小,反应灵敏,容易维护,所以得到广泛应用。其缺点是容量较小,气囊和壳体的制造比较困难。

二　任务实施

1　准备工作

(1)透明液压油箱4只。

(2)实物蓄能器4只。

(3)废旧试验台2台。

2　技术要求与注意事项

(1)清理油箱的目的是掌握油箱的结构、作用及原理。

(2)蓄能器要在泄压后进行拆卸。

(3)滤油器的安装注意油口向下竖直安装。

3　操作步骤

(1)清理试验台的油箱,说出实物油箱外部部件的名称。在试验台上先找到油箱的位置,清理干净油箱的外部,观察油箱的外部构造,识别液位计、通气孔、加油孔、出油口及回油口等部件。

(2)分析透明油箱的构造特点,掌握油箱的四大作用。分析所给透明油箱的类型,观察其内部构造,与油箱的结构图进行对照,掌握油箱的基本构造。然后分析油箱内隔板的作用，进而掌握油箱的作用。

(3)辨识蓄能器的外观和图形符号。在试验台上寻找蓄能器，观察蓄能器的外观，了解蓄能器的安装特点，画出蓄能器的图形符号，掌握蓄能器的作用和功能。

(4)将蓄能器正确地接入系统回路中。指导学生正确地安装和拆卸蓄能器，掌握蓄能器的安装和拆卸要领。分析系统图，找到接入蓄能器的位置，按照蓄能器的安装要求接入蓄能器。

(5)用多媒体掌握蓄能器的构造和工作原理。用多媒体讲述蓄能器的构造和原理，帮助有效掌握。

三 学习扩展

蓄能器的安装、使用与维护要求如下：

(1)不能拆卸在充油状态下的蓄能器。

(2)蓄能器是压力容器，搬运和拆装时应将充气阀打开，排出充入的气体。

(3)蓄能器应竖直安装，油口朝下，远离热源并便于检查和维修。

(4)绝对禁止向蓄能器充氧气，以免引起爆炸。

(5)蓄能器与液压泵之间应设止回阀，以防止液压泵在停止工作时蓄能器中的压力油倒灌进液压泵。

(6)蓄能器应在液压系统连接处设置截止阀，供充气、调整或维修使用。

(7)蓄能器的充气压力应在系统最低压力的90%和系统最高压力的25%之间选取。

四 评价与反馈

1 自我评价

(1)通过本学习任务的学习你是否已经知道以下问题：

①油箱的功用有哪些？______________________________。

②气囊式蓄能器的结构是怎样的？______________________________。

(2)在完成实训任务的过程中使用了哪些元器件？还需要增加什么元器件？

____。

(3)实训过程完成情况如何？

____。

(4)通过本学习任务的学习，你认为自己的知识和技能还有哪些欠缺？

____。

签名：____________ ________年____月____日

2 小组评价(表26-1)

小 组 评 价 表 表26-1

序号	评 价 项 目	评 价 情 况
1	着装是否符合要求	
2	是否能合理规范地使用仪器和设备	

续上表

序号	评价项目	评价情况
3	是否按照安全和规范的流程操作	
4	是否遵守学习、实训场地的规章制度	
5	是否能保持学习、实训场地整洁	
6	团结协作情况	

参与评价的同学签名：____________________　________年____月____日

3 教师评价

____

____。

教师签名：______________　________年____月____日

五 技能考核标准

根据学生完成实训任务的情况对学习效果进行评价。技能考核标准见表26-2。

技能考核标准表　　表26-2

序号	项目	操作内容	规定分	评分标准	得分
1	油箱、滤油器的基本认知	清理试验台的油箱，指认出实物油箱外部部件的名称	20分	正确地识别了液位计、通气孔、加油孔、出油口和回油口等部件名称得20分，识别错一个扣4分	
2		分析透明油箱的构造特点，掌握油箱的四大作用	20分	正确地描述了油箱的四大作用得10分； 正确列举了油箱的结构特点得10分	
3		辨认蓄能器的实物外观和图形符号	10分	正确地辨认了蓄能器的图形符号得5分； 正确地列举了蓄能器的作用得5分	
4		按图在系统中接入蓄能器	30分	正确地在系统中接入了蓄能器得30分，接入错误或者未按照操作规程来酌情扣分	
5		用多媒体课件来掌握蓄能器构造和工作原理	20分	正确地描述了蓄能器的构造得10分； 正确地阐述了蓄能器的工作原理得10分	
总分			100分		

学习任务27 滤油器、密封元件基本认知

知识目标

1. 掌握不同滤油器的结构特点和使用场合；
2. 掌握不同类型密封件的密封原理；
3. 掌握不同密封件的安装要求。

技能目标

1. 能辨识减压式调速阀、溢流式调速阀的详细图形符号和简化图形符号；
2. 能在系统中正确接入减压式调速阀和溢流式节流阀。

建议课时

4课时。

任务描述

有一台设备的液压泵总是吸油不畅，经师傅判断，可能是液压油箱中的吸油滤芯堵塞了，现在师傅打算将这个滤芯拆下来，清洗一下，判断滤芯是否能用，如果能用，则继续用，如果不能用，就重新更换一个新滤芯装上。

一 理论知识准备

1 滤油器

1）滤油器的功用

滤油器又称为过滤器，其功用是过滤混在油液中的杂质，维持油液的清洁，防止油液受到污染。

油液的污染是液压系统出现故障的主要原因，它能加速液压元件的磨损、卡死阀芯、堵塞工作间隙和小孔，使液压系统不能正常工作，因而必须使用滤油器对油液进行过滤。

2）滤油器的相关参数

（1）过滤精度。过滤精度是指滤油器能滤除杂质颗粒直径 d 的公称尺寸，单位是微米（μm）。它代表了滤油器的滤除能力。按照过滤精度的不同，滤油器可分为粗滤、普通

滤油器、精密滤油器及特精滤油器。

(2)通油能力。通油能力是指在一定压差下通过滤油器的最大流量。滤油器的通油能力应大于它的最大流量,允许的压力一般为0.03~0.07MPa。

(3)压降特性。压降特性指油液流过滤芯时产生的压力降。

(4)纳垢容量。纳垢容量指滤油器在压力降达到规定值之前可以滤除并容纳的污染物数量。

3)滤油器的常见类型

(1)网式滤油器。图27-1所示是网式滤油器的结构。它由1层或2层铜丝网,包围着四周开有很大窗口的金属或塑料圆形骨架做成,由金属网上的小孔起滤清作用。其过滤精度与铜丝网层数和网孔大小有关,在压力管路上常用100目、150目、200目(每英寸长度上孔数)的铁丝网,在低压吸油管路上常采用20~40目铜丝网。通过网式滤油器的压力损失不超过0.004MPa,其特点是结构简单、通流能力大,清洗方便,但过滤精度低。

(2)线隙式滤油器。图27-2所示是线隙式滤油器的结构。滤芯由绕在筒形芯架上的金属线组成,依靠线间微小间隙来挡住油液中杂质的通过。这种滤油器的过滤精度为30~100μm,常安装在压力油路上,保护系统中较精密或易堵塞的液压元件,其通油压力可达6.3~32MPa,通过滤油器的压力损失为0.03~0.06MPa。其特点是结构简单、通流能力大、机械强度高,但不易清洗。

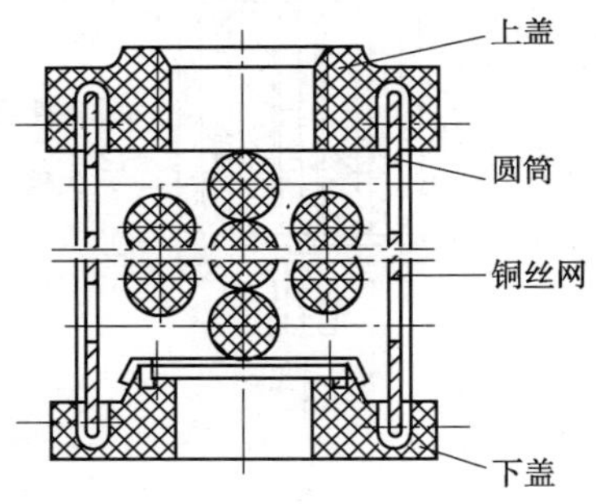

图27-1　网式滤油器结构图

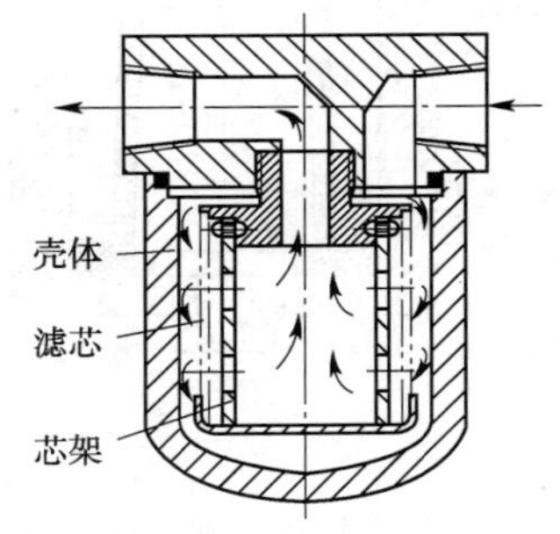

图27-2　线隙式滤油器结构

(3)纸质滤油器。图27-3所示是纸质滤油器结构。滤芯为平纹或波纹的酚醛树脂或木浆微孔滤纸,为增大过滤面积,滤芯一般做成W形。它的通流压力损失为0.01~0.04MPa,主要用于过滤精度高的液压系统。既可以用于高压管路系统,也可以用于低压管路系统。其特点是滤芯结构紧凑、通油能力大、过滤精度高、滤芯价格低,但无法清洗,需经常更换滤芯。

(4)烧结式滤油器。图27-4所示是烧结式滤油器的结构。滤芯为颗粒状青铜粉等金属粉末压制烧结而成,利用颗粒间的微孔滤去混入油液中的杂质,球状青铜颗粒越细,过滤精度越高。其过滤精度为10~100μm,压力损失为0.03~0.2MPa。其特点是强度高、过滤精度高、耐高温、耐冲击性好,但不易清洗,颗粒脱落会影响过滤精度。

(5)磁性滤油器。图27-5所示是磁性滤油器结构。依靠永久磁铁,利用磁化吸附原理滤除混入油液中的铁末、铁屑等杂质。磁性滤油器对能磁化的杂质滤除效果较好,特别适用于加工铸件的机床液压系统。其缺点是维护复杂，且经常与其他滤芯组成复合式滤芯。

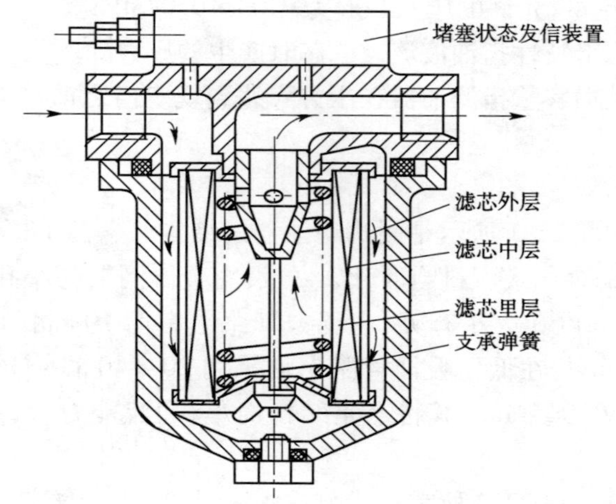

图 27-3 纸质滤油器结构

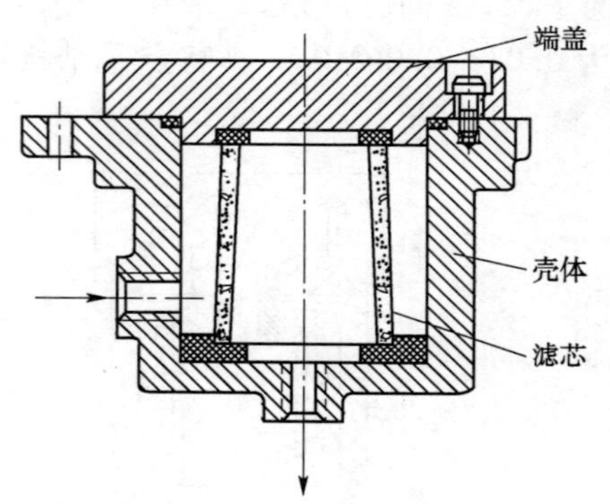

图 27-4 烧结式滤油器结构

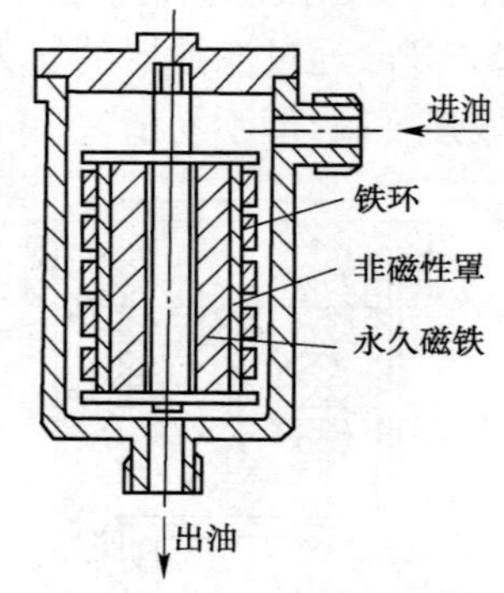

图 27-5 磁性滤油器结构

4）滤油器在系统中的安装位置

滤油器的图形符号如图 27-6 所示。

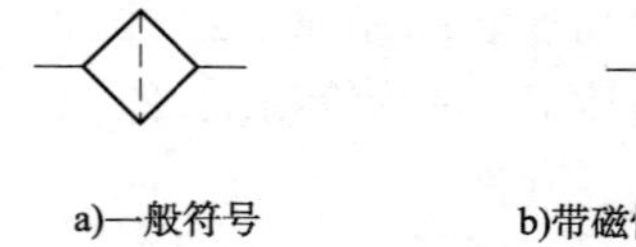

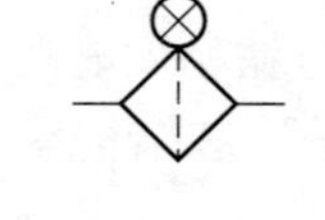

a)一般符号　b)带磁性滤芯的滤油器　c)带堵塞指示器的滤油器

图 27-6 滤油器图形符号

滤油器一般安装在以下几个位置：

（1）泵的吸油管路上。泵的吸油管路上的滤油器一般安装在油箱的出油口，一般是粗滤器，且要求通油能力大于液压泵流量的 2 倍以上，用于保护泵及防止污染颗粒进入液压系统，压力损失不得超过 0.02MPa。

(2)泵的压油管路上。安装在压油管路上的滤油器是用来滤除可能侵入阀类等重要元件的污染物。一般采用精滤器,并能承受油路上的工作压力和冲击压力,压降应小于0.35MPa,同时,应安装安全阀以防滤油器堵塞。

(3)回油管路上。安装在回油管路上的滤油器能使液压油在流回油箱之前得到净化。一般用强度较低的滤油器,其压降对系统影响不大。安装时,一般与滤油器并联一个旁通阀,当滤油器堵塞时,旁通阀打开,保证回油顺畅。

2 密封装置

1)密封装置的作用

密封装置的作用是用来防止液压元件和系统的内、外泄漏和外界灰尘和异物的侵入。内泄漏降低了系统的容积效率,严重时使系统建不起来压力而无法工作。外泄漏会弄脏设备,污染环境。

2)常见的密封装置

(1)间隙密封。间隙密封是靠相对运动件配合面之间的微小间隙来进行密封的,常用于柱塞副、活塞副或者阀体与阀芯的圆柱配合副中。在阀体与阀芯的配合副中,常在阀芯的表面开有几条等距离的均压槽,其作用是使径向压力分布均匀,减小液压卡紧力,同时使阀芯在孔中对中性好,以减少间隙的方法来减少泄漏。

间隙密封摩擦力小,但是一旦间隙磨损增大后不能自动补偿间隙,易造成密封的失效。

(2)O形密封圈。密封圈截面为圆形,主要材料为耐油橡胶,主要用于静密封和滑动密封,也可用于内、外径密封和端面密封。其特点是结构简单,密封性能好、制造容易、成本低、使用方便,应用广泛。

O形密封圈安装时要有合适的预压缩量。预压缩量过小,密封性能不好;预压缩量过大,则压缩应力增加,摩擦力增大,密封圈容易在沟槽中产生扭曲,加快磨损,缩短寿命。

O形密封圈的密封原理是:密封圈装入密封槽后其截面受到一定的压缩变形,在无液压力或压力较低时,靠自身的弹性变形来密封。当油压较高时,它被挤在密封槽的一侧,这时油压使O形密封圈产生较大的弹性变形而形成密封。为了防止超高压时密封圈发生间隙“挤出”,要加密封挡圈。

(3)Y形密封圈。Y形密封圈截面呈现Y形,属于唇形密封圈,主要用于孔、轴之间往复运动且运动速度较高的场合。其材料一般为耐油橡胶,分为普通Y形、孔用Y形和轴用Y形等几种类型。一般适用于压力低于20MPa,温度在-30~80℃,运动速度小于0.5m/s的液压系统中。

Y形密封圈利用油的压力使两唇边紧贴在配合偶件的两结合面上实现密封,其密封能力可随压力的升高而提高,并且在磨损后有一定的自动补偿能力,密封效果很好。

(4)V形密封圈。V形密封圈由多层涂胶织物压制而成,包括压环、密封环和支承环。V形密封圈密封性能好、耐高压、寿命长,但接触面长、摩擦力大,主要用于压力较高,移动速度较低的场合。

密封原理:当压环压紧密封环时,支承环可使密封环产生变形而起密封作用。密封时唇口张开,压力越高密封效果越好。V形密封圈的工作压力可达50MPa,这种密封圈不能承受径向力,应与导向套配合使用。

二 任务实施

1 准备工作

(1)各种滤油器滤芯。

(2)更换滤芯的工具。

(3)各种结构的密封件多套。

(4)更换密封的工具。

(5)需要更换密封件的液压缸。

2 技术要求与注意事项

(1)注意滤芯的安装方向。

(2)清洗或更滤芯时,堵住滤芯端口,防止清洗下的污物进入滤芯内腔造成内污染,同时防止外界污染物侵入液压系统。

(3)密封圈安装前要进行软化、涂抹润滑脂,并使用专用工具进行安装。

(4)唇形密封圈是有方向的,要使唇口正对着压力油方向,同时还要区分孔用密封还是轴用密封。

3 操作步骤

(1)辨认不同结构的滤芯。在一堆各种结构的滤芯中分辨出是哪一种结构的滤芯。

(2)分析每种滤芯的结构特点。用实物来观察滤芯的结构,掌握其构造组成,分析每种滤芯的结构特点和适用系统。

(3)更换油箱中的粗滤芯,掌握滤芯的更换方法。操作更换滤油器,掌握更换滤油器的技能。

(4)辨认不同结构的密封件。在一堆密封件中,辨认不同结构的密封件,分析其工作原理。

(5)更换液压缸中的密封件,掌握密封件的更换方法。实际操作更换密封件,按照相关安装要求,掌握更换密封件的方法。

三 学习扩展

1 滤油器安装与维护

(1)滤油器需要经常观察、定期清洗。

(2)滤油器是有方向的,在安装时要注意方向,正确安装,否则会损坏滤芯,造成系统污染。

(3)滤油器一般设有安全阀和堵塞报警装置,当滤油器堵塞时,要及时清洗或更换滤芯。

(4)清洗滤芯时注意金属网孔芯元件,可在汽油中用刷子涮洗;清洗高精度滤芯元件,则要使用干净的清洗液或清洗剂。烧结式滤油器也可以用超声波清洗。

❷ 密封件的安装与维护

密封件的安装与维护要注意以下几个方面：

(1)安装前要先检查密封件质量、尺寸、型号及结构，选取合适的拆装顺序和工具，有的密封圈要使用专用工具。

(2)安装密封圈需要通过外螺纹和退刀槽时，应使用金属导套专用工具。

(3)密封圈安装前要进行软化、涂抹润滑脂，并使用专用工具进行安装。

(4)唇形密封圈是有方向的，要使唇口正对着压力油方向，同时还要区分孔用密封还是轴用密封。

四 评价与反馈

❶ 自我评价

(1)通过本学习任务的学习你是否已经知道以下问题：

①滤油器的滤芯都有哪些结构？________________________________。

②密封装置有哪些方式？________________________________。

(2)在完成实训任务的过程中使用了哪些实物教学器件和设备？

____。

(3)实训过程完成情况如何？

____。

(4)通过本学习任务的学习，你认为自己的知识和技能还有哪些欠缺？

____。

签名：__________　　________年____月____日

❷ 小组评价(表 27-1)

小 组 评 价 表　　　表 27-1

序号	评 价 项 目	评 价 情 况
1	着装是否符合要求	
2	是否能合理规范地使用仪器和设备	
3	是否按照安全和规范的流程操作	
4	是否遵守学习、实训场地的规章制度	
5	是否能保持学习、实训场地整洁	
6	团结协作情况	

参与评价的同学签名：________________　　________年____月____日

❸ 教师评价

____

____。

教师签名：__________　　________年____月____日

五 技能考核标准

根据学生完成实训任务的情况对学习效果进行评价。技能考核标准见表27-2。

技能考核标准表 表27-2

序号	项目	操作内容	规定分	评分标准	得分
1	滤油器、密封元件基本认知	辨认不同滤芯的结构	20分	正确地认出了不同结构的滤油器得20分,一个认识错误扣4分	
2		分析不同滤芯的结构特点	20分	正确地列举了不同滤芯的结构特点得20分,其他酌情扣分	
3		更换油箱中的滤芯	20分	正确地更换了油箱中的滤芯得20分,其他酌情扣分	
4		辨识不同的密封元件	20分	正确地辨识了不同的密封元件得20分,辨识错一个扣4分	
5		更换液压缸中的密封件	20分	正确地更换了不同结构的密封件得20分,其他酌情扣分	
总分			100分		

项目十一　液压基本回路的认知与搭建

学习任务28　搭建方向回路并分析

知识目标

1. 识读并分析基本方向回路图；
2. 识读并分析基本回路图。

技能目标

1. 会搭建用三位四通电磁阀所控制的方向回路；
2. 会分析方向回路的动作特点；
3. 会搭建一个用顺序阀控制的顺序动作回路；
4. 会分析顺序回路的顺序动作。

建议课时

4 课时。

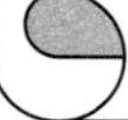

任务描述

能够控制油路方向而形成的回路称为方向回路。搭建方向回路能够将前面所学的元件知识和技能进行综合运用,以提高对系统回路的认知,为分析各类工程机械的液压系统综合回路打下坚实的基础。

一　理论知识准备

1 液压基本回路

单个的液压元件功能再强大,也是没有办法孤立地起作用的。液压元件必须在系统中工作才能起到相应的作用。工程机械的液压系统,虽然功能不同,复杂程度不一,但是也都是由各种基本回路组成。基本回路由一些液压元件组成,能够完成特定的单一功能的典型回路,它是液压系统回路的基本组成单元。

液压基本回路按其功能可分为方向控制回路、压力控制回路及速度控制回路,每一种回路又有几种不同作用的油路。掌握各种液压基本回路的组成、特点及应用情况,是分析复杂工程机械液压系统的基础。

2 方向控制回路

方向控制回路通过方向阀来控制液压系统各油路中油流的接通、关断或改变流动方向,从而控制执行元件起动、停止或换向。

1)换向回路

换向回路主要是改变执行元件的运动方向。一般用各类换向阀来实现。工程机械多采用换向滑阀,如图 28-1 所示,而且大多是集成式的多路换向阀,其结构紧凑,操作方便,可兼有起动、制动和调整作用。对于闭式系统来说,一般采用双向变量泵来换向,如图 28-2所示。

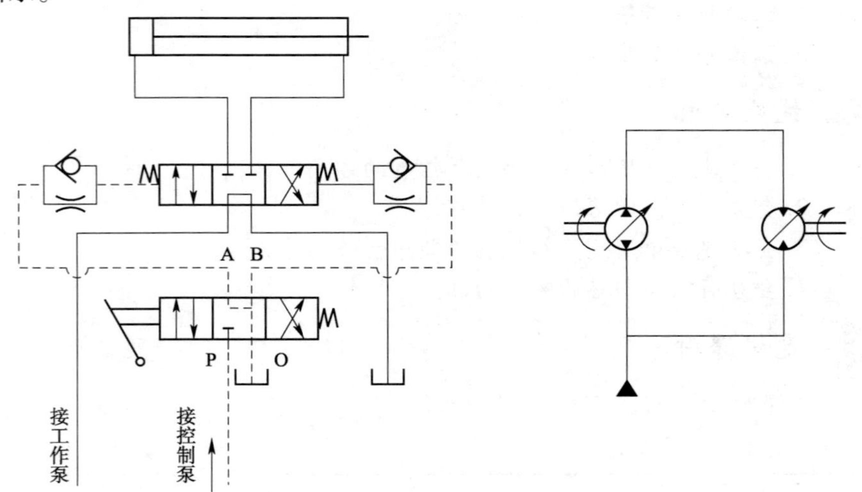

图 28-1 节流式先导换向阀回路

图 28-2 采用双向变量泵的换向回路

2)锁紧回路

锁紧回路能使执行元件在运动过程中的某一位置停留一段时间保持不动,并能防止其漂移和沉降。锁紧回路可以通过换向阀的中位机能来实现,也可以通过液控止回阀来实现。

(1)利用 O 形、M 型中位机能实现锁紧。中位机能为 O 形或 M 形的滑阀型换向阀,当阀芯处于中位时,液压缸的进、出油口都被封闭,可以将活塞锁紧。这种锁紧回路由于滑阀式换向阀的环状缝隙,不可避免地存在泄漏,因此难以保证长时间闭锁,锁紧效果较差,适用于锁紧要求不高,或短时停留的场合。

(2)利用液控止回阀形成锁紧回路。图 28-3 为采用液控止回阀的锁紧回路。当换向阀在左位时,液压油经左侧液控止回阀进入液压缸左腔,同时将右液控止回阀打开,使其油液能反向倒流,右腔油液就回油箱;当换向阀在右位工作时,压力油从右侧液控止回阀进入液压缸的右腔,同时打开左液控止回阀,使左腔油液能回油箱,活塞向左运动;当换向阀处于中位时,两个液控止回阀均立即关闭,活塞停止运动,实现锁紧。

此种锁紧回路锁紧精度较高,常用于承载竖直负载的液压缸上,如液压起重机的支腿。采用液控止回阀的锁紧回路,换向阀的中位机能应使液控止回阀的控制油液卸压,如 H 形或者 Y 形。

3)浮动回路

浮动回路是把执行元件的进、出油口直接接通,自行循环或者进、出油口同时接通油箱,使液压缸处于无约束的浮动状态。

(1)利用换向阀的浮动回路。利用三位四通换向阀的滑阀机能,如 H 形、Y 形、P 形及 X 形等可以实现执行元件处于无约束的浮动状态。如图 28-4 所示,H 形中位机能的换向阀处于中位时,液压马达处于浮动状态。

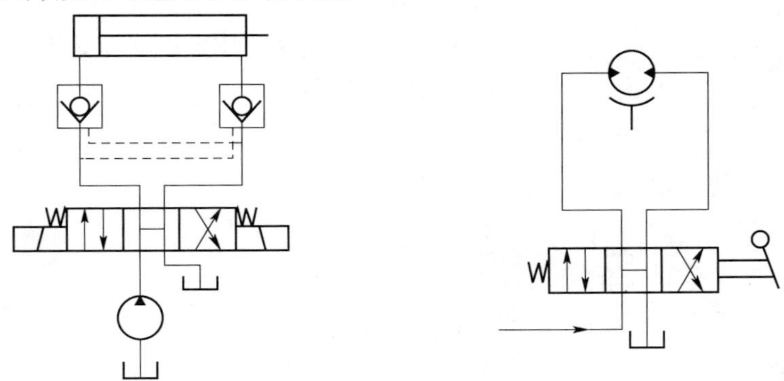

图 28-3　液控止回阀锁紧回路　　　图 28-4　利用换向阀 H 形机能实现的浮动回路

有的换向阀专门增加一个浮动位置,成为四位阀,如图 28-5 所示推土机铲刀液压控制系统,其右边的位置就是浮动位置,能实现铲刀在地面上浮动,便于推土机后退时用铲刀浮动拖平地面。

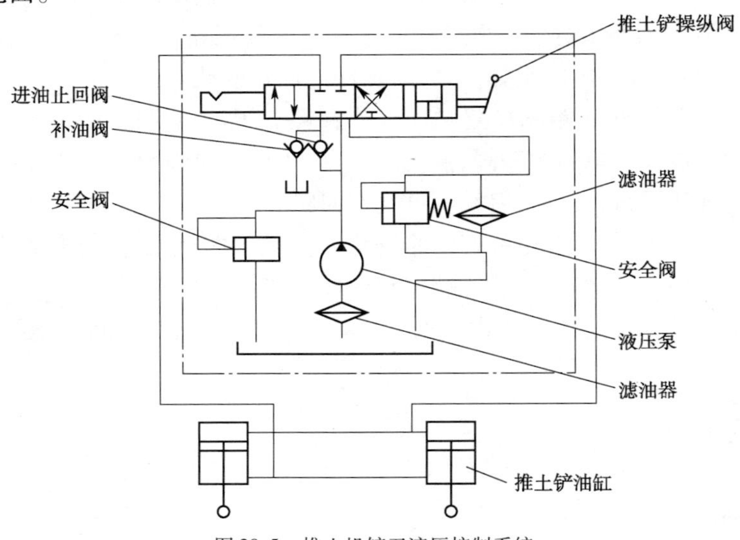

图 28-5　推土机铲刀液压控制系统

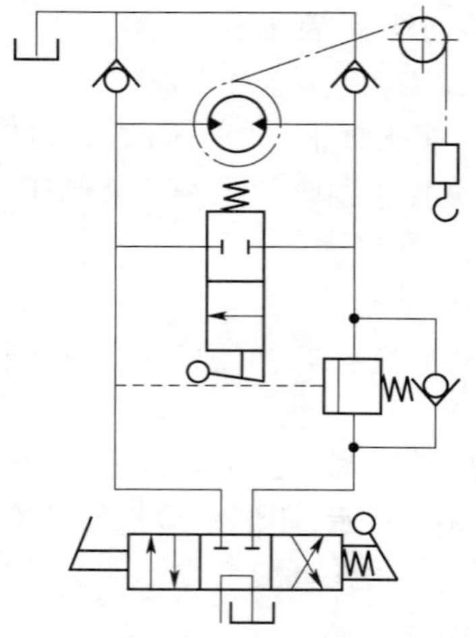

图 28-6 二位二通换向阀实现浮动油路

(2)用二位二通换向阀实现浮动。图 28-6 所示为起重机液压系统中为满足“抛钩”动作要求,利用二位二通换向阀实现“抛钩”的浮动回路。图示位置时回路正常工作,若要“抛钩”时,手动扳动二位二通阀换向,则主油路短路,液压马达的进出油口接通,自成循环,液压马达处于可自由转动的浮动状态,吊钩便在自重作用下快速下降。

二 任务实施

1 准备工作

(1)基本型试验台 4 台。

(2)用于搭建回路所用的阀至少 4 套。

(3)电线、油管若干。

(4)手套、清洗剂等劳动防护用品。

2 技术要求与注意事项

(1)仔细分析基本回路图,体会回路的作用。

(2)搭建回路时注意油流的流向。

(3)所搭建的回路与所给的油路图进行一一对应检查。

3 操作步骤

(1)根据给定的系统图搭建用三位四通电磁阀所控制的方向回路。分析所拿到的系统图,分析系统图,识别系统中的每个元件;然后选取搭建系统回路所需的液压元件,在试验台上先搭建液压油路,确认油路正确之后,再连接电磁阀的电路。连接完毕,检查油路电路,经师傅确认无误后,再起动试验台,观察液压缸动作的出现。

(2)在搭建好的回路上分析方向动作。在搭建好的回路上分析整个方向回路方向动作的出现,油路如何动作,电路又如何动作,加深对回路的认知。

(3)根据给定的顺序回路图搭建顺序动作回路。识读给定的顺序动作回路图,选取系统图中所需的溢流阀、单向顺序阀、液压缸、三位四通换向阀等,然后再根据系统图搭建顺序动作回路,确认回路无误后,启动调试动作回路。

(4)分析液压缸不同动作时系统油路的流向。通过调试回路,分析回路动作。再根据系统回路图分析系统动作,将实物油路与符号油路能够一一对应。

(5)总结方向回路的特点和作用。列表总结方向回路的作用、特点,建立方向回路的基本认知。

三 学习扩展

1 顺序回路

顺序回路用以控制多缸液压系统的动作顺序,使各缸按照严格的顺序依次动作。根据控制方式，常用单向顺序阀和行程开关进行顺序回路控制，实现顺序动作。

1）用顺序阀控制的顺序回路

用顺序阀来控制顺序回路，也就是用压力作为发信源来控制液压执行元件的顺序动作，即利用油路自身的压力来控制阀的先后开启顺序，实现执行元件动作的先后次序，如图28-7所示。

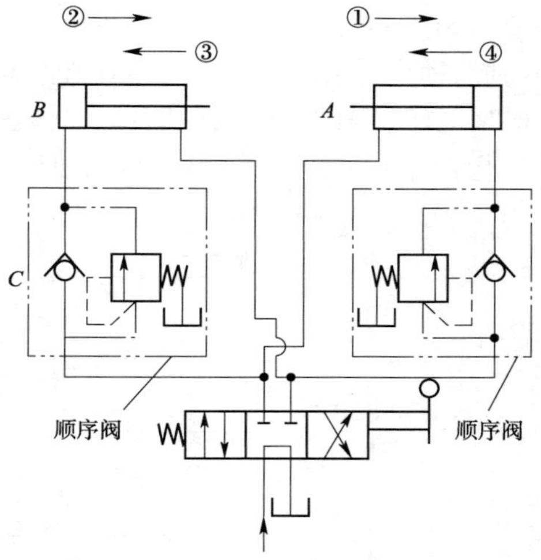

图28-7　用顺序阀控制的顺序动作回路

2）用压力继电器控制的顺序回路

图28-8所示为用压力继电器控制的顺序动作回路。工作要求为现将工件夹紧，然后再进给刀架。图示位置时，液压泵泵出的油进入夹紧液压缸上腔，活塞下行，将工件夹紧。夹紧后，夹紧缸上腔压力继续升高，当油压超过压力继电器调定压力时，压力继电器发出电信号，使三位四通电磁阀的电磁铁2DT通电，油压进入进给液压缸，进给液压缸动作。这个顺序动作是油压力继电器控制的。

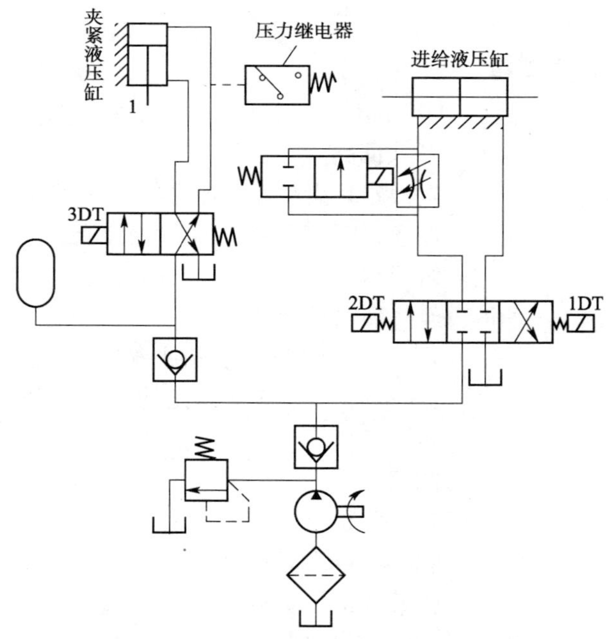

图28-8　用压力继电器控制的顺序动作回路

3）行程开关控制的顺序动作回路

行程控制顺序动作回路是利用执行机构运动到预定位置发出的控制信号使下一个动作开始的回路。图28-9所示为电气行程开关控制的顺序动作回路。工作时，先让电磁铁1DT通电，压力油进入A缸的左腔，出现动作①。到达预定位置时挡铁压下行程开关4，电磁铁1DT断电，A缸活塞停止运动，同时电磁阀Ⅱ的电磁铁3DT通电，于是压力油进入液压缸B的左腔，活塞出现动作②。当活塞运动到预定位置时，挡铁压下行程开关6，电磁铁3DT断电,B缸停止运动,同时电磁阀I的电磁铁2DT通电。压力油进入液压缸A的右腔,动作③出现。当活塞运动到预定位置,挡块压下行程开关3,使电磁铁2DT断电同时使电磁铁4DT通电,压力油流入液压缸B的右腔,活塞按动作④左移退回原处,挡块压下行程开关5,电磁铁4DT断电,液压缸B的活塞停止运动。这样,便完成一个动作循环。

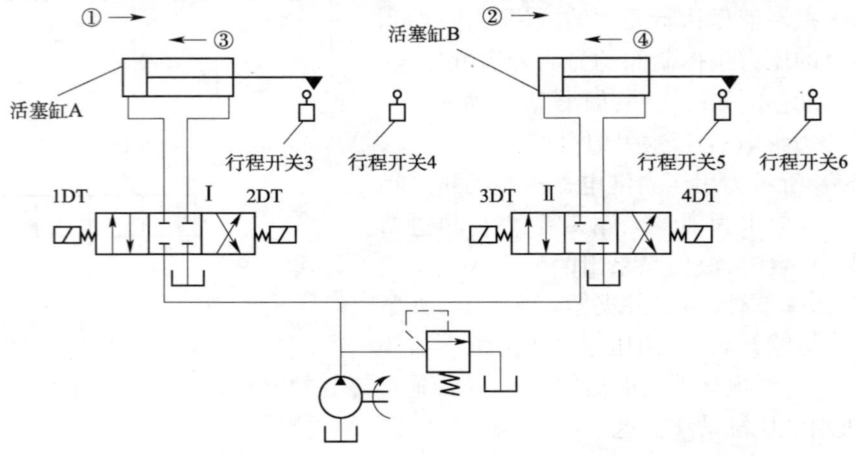

图28-9　用行程开关控制的顺序动作回路

2 开式回路与闭式回路

按照油液的循环方式,液压回路可以分为开式回路和闭式回路。

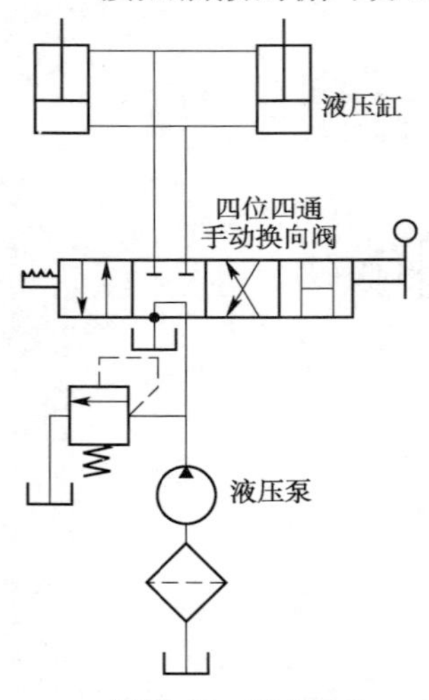

图28-10　开式回路

1)开式回路

开式回路是指整个液压系统不是完全封闭的,油液通过油箱开式循环,如图28-10所示。液压泵从开式油箱中吸油,通过换向阀给液压缸供油,驱动工作机构动作,液压缸的另一腔的油液再经过换向阀回油箱。

开式回路采用开式油箱来循环油液,开式油箱能充分散热、能沉淀杂质,且整个系统结构简单,因此大多数工程机械采用开式系统。

2)闭式回路

闭式回路是指液压泵的进油管直接与执行元件的回油管相连,油液在系统内封闭循环,不设单独的油箱。

闭式系统结构紧凑,和空气接触机会少,空气不易渗入系统,故传动的平稳性较好。由于闭式系统不设油箱,油液的散热和过滤条件比开式回路差。为了补偿系统中的泄漏,通常需要一个小容量的补油泵进行补油和散热。

四 评价与反馈

1 自我评价

(1)通过本学习任务的学习你是否已经知道以下问题:

①方向控制回路有哪些回路？______________________________。

②顺序回路用哪几种控制方式？______________________________。

③开式回路和闭式回路有什么区别？______________________________。

(2)搭建油路的过程中需要考虑什么问题？

______________________________。

(3)实训过程完成情况如何？

______________________________。

(4)通过本学习任务的学习，你认为自己的知识和技能还有哪些欠缺？

______________________________。

签名：__________　　________年____月____日

2 小组评价(表28-1)

小组评价表　　表28-1

序号	评价项目	评价情况
1	着装是否符合要求	
2	是否能合理规范地使用仪器和设备	
3	是否按照安全和规范的流程操作	
4	是否遵守学习、实训场地的规章制度	
5	是否能保持学习、实训场地整洁	
6	团结协作情况	

参与评价的同学签名：______________　　________年____月____日

3 教师评价

____

______________________________。

教师签名：__________　　________年____月____日

五 技能考核标准

根据学生完成实训任务的情况对学习效果进行评价。技能考核标准见表28-2。

技能考核标准表　　表28-2

序号	项目	操作内容	规定分	评分标准	得分
1	搭建方向回路并分析	根据给定的系统图搭建用三位四通电磁阀所控制的方向回路	30分	在试验台上正确地搭建了回路得30分，错误的酌情扣分	
2		在搭建好的实物油路上分析方向动作	15分	正确地用实物油路描述了系统的工作过程得15分	
3		根据给定的顺序动作回路搭建顺序动作	30分	在试验台上搭建的顺序动作回路正确，能实现原理图的动作得30分	

续上表

序号	项目	操作内容	规定分	评分标准	得分
4	搭建方向回路并分析	在实物上分析液压缸不同动作方向时系统油路的流向	15分	正确地在实物油路上描述了液压缸不同动作时油路的流向得15分	
5		总结方向回路的特点和作用	10分	正确列举了方向回路的特点和作用得10分,其他酌情扣分	
总分			100分		

学习任务29 搭建压力回路并分析

知识目标

1. 识读调压回路图,了解调压回路的特点;
2. 识读减压回路图,了解减压回路的特点。

技能目标

1. 会搭建单级调压回路和多级调压回路;
2. 会分析多级调压回路的压力调定特点;
3. 会搭建减压回路;
4. 会分析减压回路的特点和用途。

建议课时

4课时。

任务描述

利用各种压力控制元件来控制整个系统或某条支路中油液压力的单元回路称为压力回路。搭建压力回路能够将前面所学的元件知识和技能进行综合运用,以提高对系统回路的认知,为分析各类工程机械的液压系统综合回路打下坚实的基础。

一 理论知识准备

1 调压回路

调压回路的作用是使液压系统整体或某一部分的压力保持恒定或者不超过某个数

值。调压回路有单级调压回路和多级调压回路。

1)单级调压回路

图 29-1 所示为单级调压回路,它利用溢流阀调定系统的最大工作压力,系统由定量泵供油。溢流阀的调定压力应大于系统的最大工作压力和各种压力损失的综合。溢流阀设置在泵出口的旁通油路上,当系统的压力超过溢流阀的调定压力时,泵输出的油液便经溢流阀流回油箱,对系统起安全保护的作用。

2)多级调压回路

某些液压系统进程和回程时所需工作压力相差比较悬殊,就需要采用多级调压回路来调定系统的压力。

图 29-2 为溢流阀的二级调压回路。在此回路中,先导溢流阀 1 的外控口 K 串接一个二位二通电磁换向阀和一个溢流阀 2。在图示位置,二位二通电磁阀断电,系统压力有高压溢流阀 1 调定;当二位二通电磁阀通电时,系统压力由溢流阀 2 调定,这样系统中就有二级调定压力。这个二级调压回路中,溢流阀 2 的调定压力不能大于溢流阀 1 的调定压力,否则溢流阀 2 就不起作用了。如果溢流阀 2 不经过换向阀,而是直接与先导式溢流阀 1 的外控口串接,就形成远程调压回路,由溢流阀 2 进行远程调压。

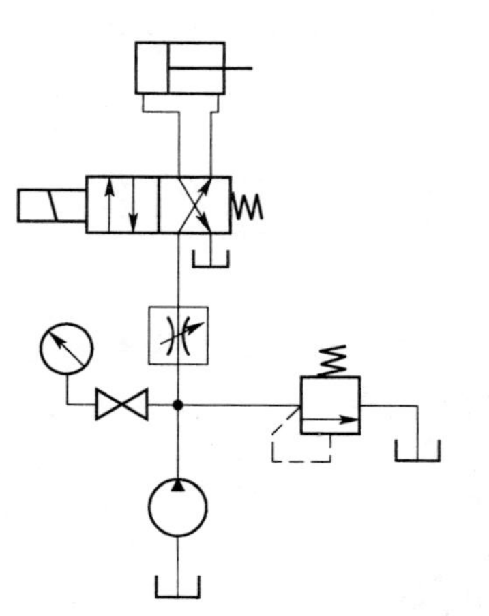

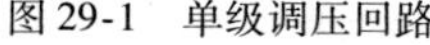

图 29-1　单级调压回路

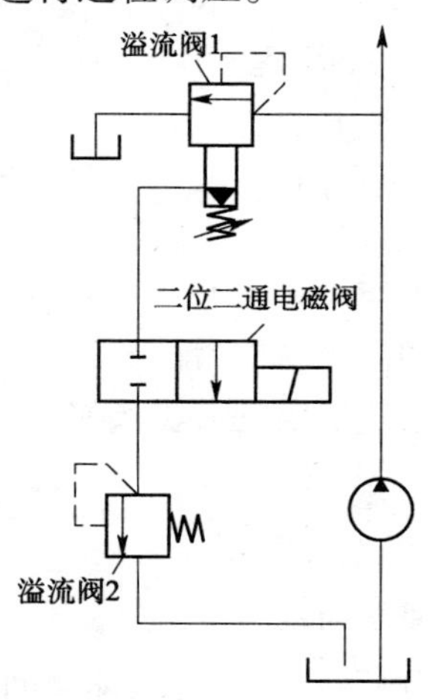

图 29-2　溢流阀的多级调压回路

图 29-3 为溢流阀的三级调压回路。图中溢流阀 1 为主溢流阀,溢流阀 2,3 为辅助溢流阀,主溢流阀的调节压力要高于辅助溢流阀的调节压力。当需要高压油进入系统时,系统压力由溢流阀 1 调定,当系统需要低压油时,操纵换向阀使主溢流阀的远控口接通低压溢流阀 2 或者溢流阀 3,于是系统压力改由低压溢流阀控制。

② 减压回路

在液压系统中,当某一支路所需的工作压力低于系统的工作压力,或需要有较稳定的工作压力时,就采用减压回路。在工程机械中,控制油路、润滑油路、离合器油路和制动油路都是采用减压回路来满足要求的。

图 29-4 所示为夹紧机构中常用的减压回路。回路中串联一个减压阀,能使夹紧支路获得稳定的夹紧力,即使系统压力有波动时,减压阀出口压力可稳定不变。图中止回阀的

作用是当系统压力低于减压阀调定压力时,防止油液倒流,起短时保压作用,使得夹紧液压缸的夹紧力在短时间内保持不变。减压阀的调定压力要比系统压力至少低0.5MPa。

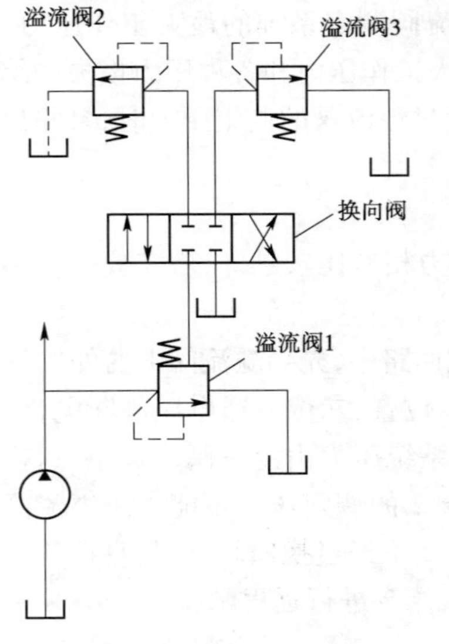

图29-3　溢流阀三级调压回路

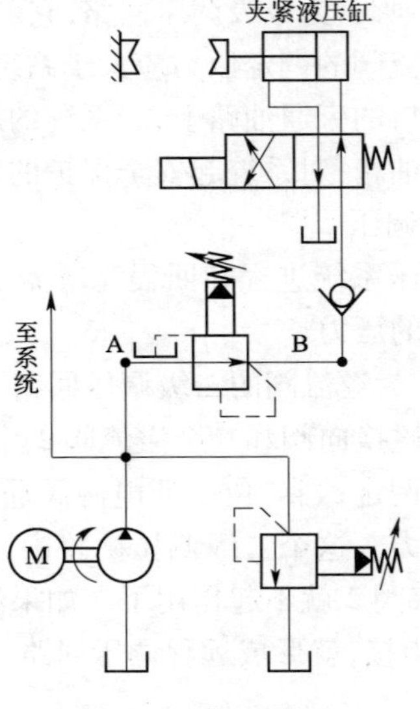

图29-4　减压回路图

二 任务实施

❶ 准备工作

(1)基本型液压试验台。

(2)用于搭建回路的各类阀多只。

(3)电线若干。

(4)手套等防护用品。

❷ 技术要求与注意事项

(1)仔细分析基本回路图,体会回路的作用。

(2)搭建回路时注意油流的流向。

(3)所搭建的回路与所给的油路图进行一一对应检查。

❸ 操作步骤

(1)搭建单级调压回路。识读单级调压回路图,选取相关液压元件,搭建单级调压回路,调节溢流阀的调压手柄,给执行元件加载,观察回路压力的变化。

(2)搭建多级调压回路。分析多级调压回路图,仔细辨识高压溢流阀和低压溢流阀,然后根据系统图选取相关的阀件,按图施工,搭建多级调压回路。

(3)分析多级调压回路的压力高低和特点。分析多级调压回路的调压级数,判断哪个溢流阀是高压,哪个溢流阀是相对低压,进而分析多级调压回路的使用场合,回忆多级调压回路在哪些系统中使用。

(4)搭建减压回路。识读并分析减压回路图,选取所学的减压阀、溢流阀、换向阀等阀件，按照减压回路图搭建减压回路，理解减压回路的作用和特点。

（5）分析减压回路的作用和特点。总结减压回路的作用、特点，建立减压回路的基本认知。

三 学习扩展

1 卸荷回路

液压系统中，会出现执行元件短时间停止工作或者执行元件速度很慢，液压泵输出的压力油全部或者绝大部分从溢流阀流回油箱，系统能量损耗很大，这时候就需要卸荷回路。使用卸荷回路使液压泵的功率在接近于零的情况下运转，以减少功率损耗，降低系统发热，延长泵的使用寿命。

卸荷回路分压力卸荷回路和流量卸荷回路两种。流量卸荷主要使用变量泵，使变量泵仅为补偿泄漏而以最小流量运转。压力卸荷的方法是使泵在接近零压下运转。常见的压力卸荷方式有以下几种。

（1）换向阀卸荷回路。利用换向阀的中位机能进行卸荷，如M形、H形、K形等中位机能，如图29-5所示。

当换向阀处于中位时，P口和T口接通进行卸荷。这种卸荷回路换向冲击小，但回路中必须设置止回阀。

（2）用先导型溢流阀的远程控制口卸荷。图29-6使先导型溢流阀的远程控制口直接与二位二通电磁阀相通，就形成先导型溢流阀的卸荷回路。电磁阀通电时，系统卸荷。这种卸荷回路卸荷压力小，切换时冲击也小。

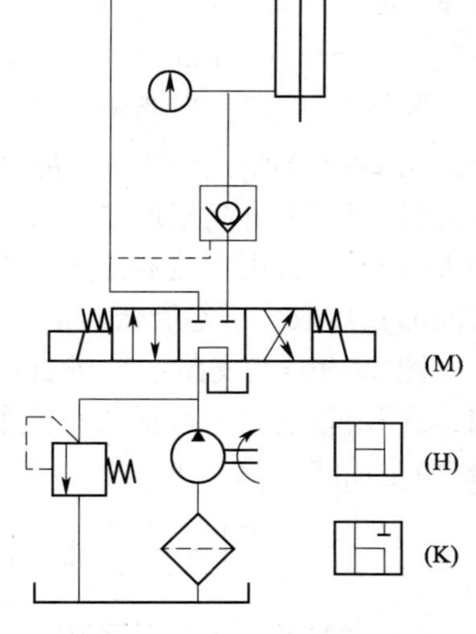

图29-5　利用换向阀中位机能进行卸荷的卸荷回路图

（3）用二位二通换向阀的卸荷回路。图29-7采用了二位二通换向阀的卸荷回路。当执行元件停止工作时，二位二通换向阀通电，泵的输出压力油经过二位二通换向阀的左侧直接回油箱，实现卸载。

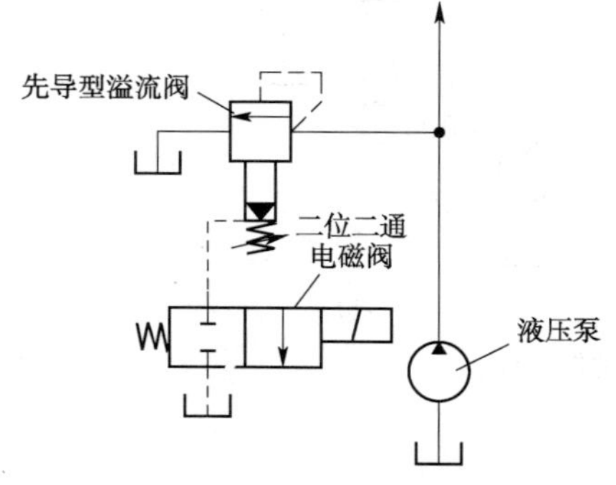

图29-6　利用先导溢流阀的远程控制口进行卸荷

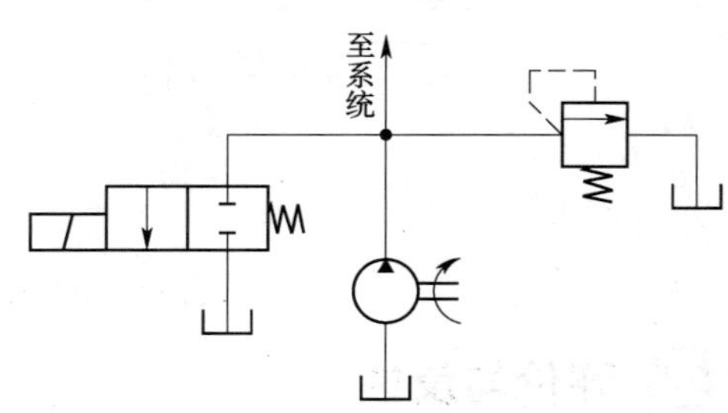

图29-7　利用二位二通换向阀的卸荷回路

2 保压回路

保压回路的作用是使系统在液压缸不动或仅有微小位移的情况下，仍能保持其工作压力。在定量泵系统中，用溢流阀来直接保压，但效率低，易发热，效果并不好。常见的保压回

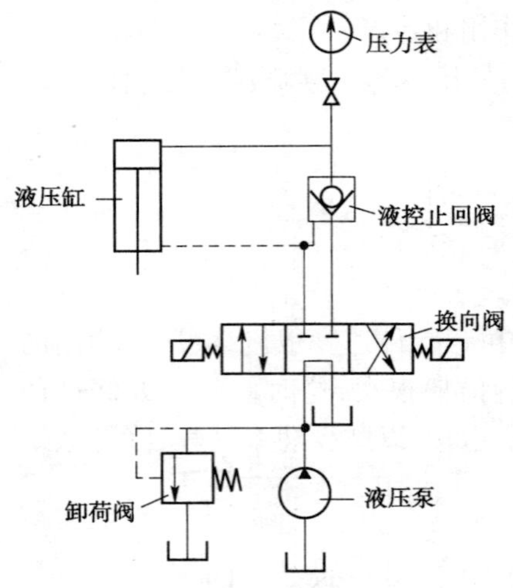

图 29-8　用液控止回阀的保压回路

路有以下几种。

1)用液控止回阀的保压回路

图 29-8 所示是最简单且保压效果较好的保压回路。当换向阀右位接入油路时,压力油进入液压缸的上腔。当压力达到保压要求的调定值时,电接触式压力表发出电信号,换向阀切换至中位,液压缸上腔进行保压,液压泵卸荷。当液压缸上腔的压力下降到预定值时,压力表又发出电信号使换向阀接入右位油路,液压泵又向液压缸上腔供油,使其压力回升,实现补油保压。当换向阀左位工作时,液压缸退回。这种保压回路保压时间长,压力稳定性好,适用于保压要求较高的液压系统。

2)用蓄能器实现的保压回路

图 29-9a)所示的保压回路中,当主换向阀在左位工作时,液压缸向右运动且压紧工件,进油路压力升高至调定压力,压力继电器发出信号使二通阀通电,泵就卸荷,止回阀自动关闭,液压缸由蓄能器保压。当保压压力降低时,压力继电器复位使泵重新工作。保压时间的长短取决于蓄能器容量。

图 29-9b)是支路系统进行保压的回路。当主油路压力降低时,支路上的止回阀关闭,支路由蓄能器进行保压补偿泄漏。当支路压力降低到调定值时,压力继电器发出信号,使主油路开始工作。

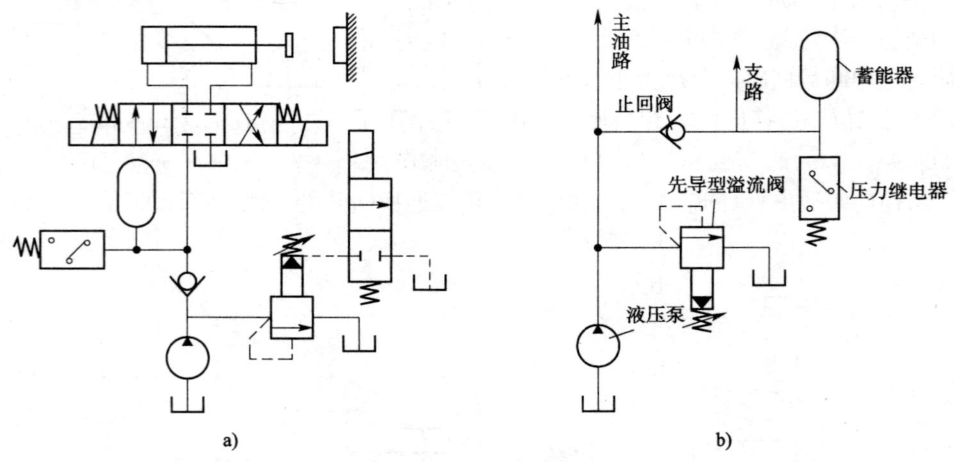

图 29-9　用蓄能器实现的保压回路

四　评价与反馈

1 自我评价

(1)通过本学习任务的学习你是否已经知道以下问题:

①压力回路都有哪些?______________________________。

②调压回路有哪几种,各有什么特点?______________________________。

(2)在完成实训任务的过程中使用了哪些器材,还需要补充什么器材?

____。

(3)实训过程完成情况如何?

____。

(4)通过本学习任务的学习,你认为自己的知识和技能还有哪些欠缺?

____。

签名:____________　________年____月____日

2 小组评价(表 29-1)

小 组 评 价 表　　表 29-1

序号	评 价 项 目	评 价 情 况
1	着装是否符合要求	
2	是否能合理规范地使用仪器和设备	
3	是否按照安全和规范的流程操作	
4	是否遵守学习、实训场地的规章制度	
5	是否能保持学习、实训场地整洁	
6	团结协作情况	

参与评价的同学签名:______________________　________年____月____日

3 教师评价

____

____。

教师签名:____________　________年____月____日

五 技能考核标准

根据学生完成实训任务的情况对学习效果进行评价。技能考核标准见表 29-2。

技能考核标准表　　表 29-2

序号	项目	操 作 内 容	规定分	评 分 标 准	得分
1	搭建压力回路并分析	搭建单级调压回路	20 分	正确地在试验台上搭建了单级调压回路得 20 分,搭建有错误酌情扣分	
2		搭建多级调压回路	30 分	正确地在试验台上搭建了多级调压回路得 30 分,搭建有错误酌情扣分	
3		分析多级调压回路的压力高低和特点	10 分	正确地判断了不同级溢流阀压力调定的高低得 5 分; 正确地列举了多级调压回路的特点得 5 分	
4		搭建减压回路	30 分	正确地按照图样搭建了减压回路得 30 分,搭建错误酌情扣分	
5		分析减压回路的作用和特点	10 分	正确地描述了减压回路的特点得 5 分; 建立了减压回路的基本认知得 5 分	
总分			100 分		

学习任务30 搭建调速回路并分析

知识目标

1. 掌握进油路节流调速的特点；
2. 掌握回油路节流调速的特点；
3. 掌握旁油路节流调速的特点。

技能目标

1. 会搭建进油路节流调速回路；
2. 会搭建回油路节流调速回路；
3. 会搭建旁油路节流调速回路。

建议课时

4 课时。

任务描述

速度回路用来满足液压系统速度调节与变换的要求。搭建速度回路能够将前面所学的元件知识和技能进行综合运用，以提高对系统速度回路的认知，为分析各类工程机械的液压系统综合回路打下坚实的基础。

一 理论知识准备

速度控制回路用来调节执行元件的流量，进而控制执行元件的速度，它包括调速回路、快速运动回路及速度换接回路。

调速回路有三种方式：节流调速、容积调速及容积节流调速。

1 节流调速回路

所谓节流调速是由定量泵供油，由流量阀控制进入执行元件的流量来实现节流，即通过调节流量阀的节流口开度大小来改变执行机构的流量，从而实现速度的调节。

根据节流阀安装位置的不同，分为进油路节流调速、回油路节流调速和旁油路节流调速三种方式。

1）进油路节流调速

如图30-1a）所示，进油路节流调速是将节流阀装在执行元件的进油路上，液压缸速度的调节由调节节流阀开口的大小来控制，泵多余的流量由溢流阀溢流回油箱。

这种节流调速的特点是液压缸回油腔和回油管中压力较低，当采用单杆活塞杆液压缸时，使油液进入无杆腔，其有效工作面积较大，可以得到较大的推力和较低的运动速度，这种回路多用于冲击小、负载变动小的液压系统中。但不能保证液压缸运动速度的平稳性，且溢流损失大，系统效率较低，一般较少单独使用。

2）回油路节流调速

如图30-1b）所示，回油路节流调速是将节流阀安装在液压缸的回油路上，通过调节液压缸的回油量从而限制了进入液压缸的流量。调节节流阀开度的大小同样可以达到调节液压缸运动速度的目的，液压泵多余流量经溢流阀流回油箱。

回油路节流调速的特点是：节流阀在回油路上可以产生背压，相对进油调速而言，运动比较平稳，常用于负载变化较大、要求运动平稳的液压系统中。但是总体的调速效果并不好。

3）旁油路节流调速

如图30-1c）所示，节流阀安装在与液压缸并联的旁油路上。在该回路中，采用定量泵供油，节流阀出口接油箱，因此，开大节流阀开口，节流阀的分流就大，液压缸的速度就变小。这种回路不需要溢流阀常开溢流，因此溢流阀为安全阀，它在常态时关闭，过载时才打开。

此回路中只有节流损失，无溢流损失，功率损失较小，系统效率较高，但由于速度负载特性较差，启动也不平稳，因而仅适用于高速、重载、对速度稳定性要求不高的场合，如牛头刨床的主传动系统。

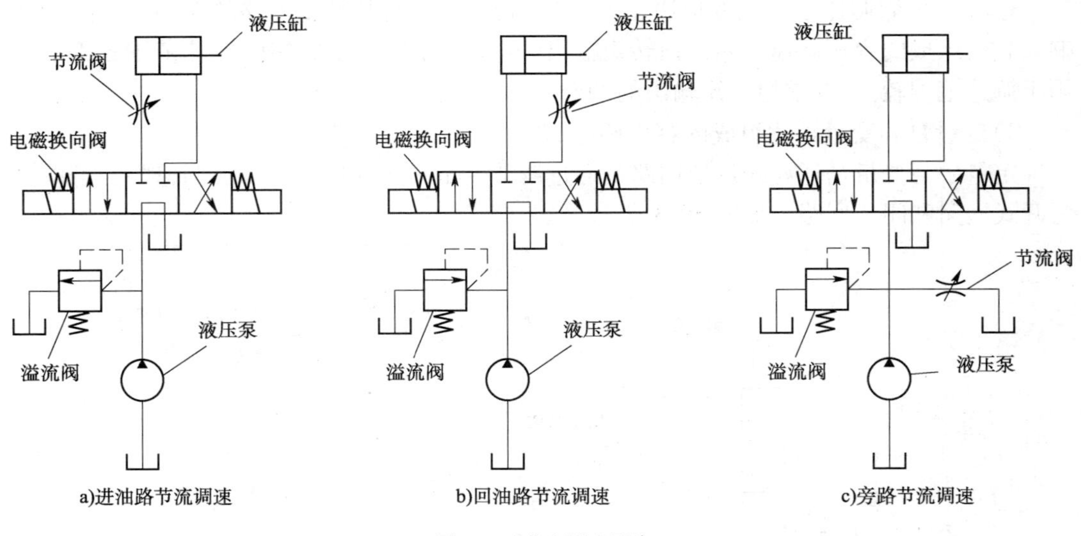

图30-1　节流调速回路

2 容积调速回路

容积调速回路是通过改变回路中液压泵或液压马达的排量来实现调速的。其主要优点是功率损失小（无溢流损失和节流损失），发热小，效率高，适用于高速、大功率系统，在工程机械中逐渐得到广泛应用。

根据液压泵与执行元件组合方式的不同，容积调速有三种方式：变量泵与定量执行元件容积节流调速回路；定量泵与变量马达组成的容积调速回路；变量泵和变量马达组成的容积调速回路。

1）变量泵和定量执行元件（液压缸与定量马达）的容积调速回路

图 30-2a）所示是变量泵与液压缸组成的容积调速回路；图 30-2 b）是变量泵和定量液压马达组成的容积调速回路。这两种回路中，采用改变变量泵的输出流量来调节液压缸或液压马达的速度。

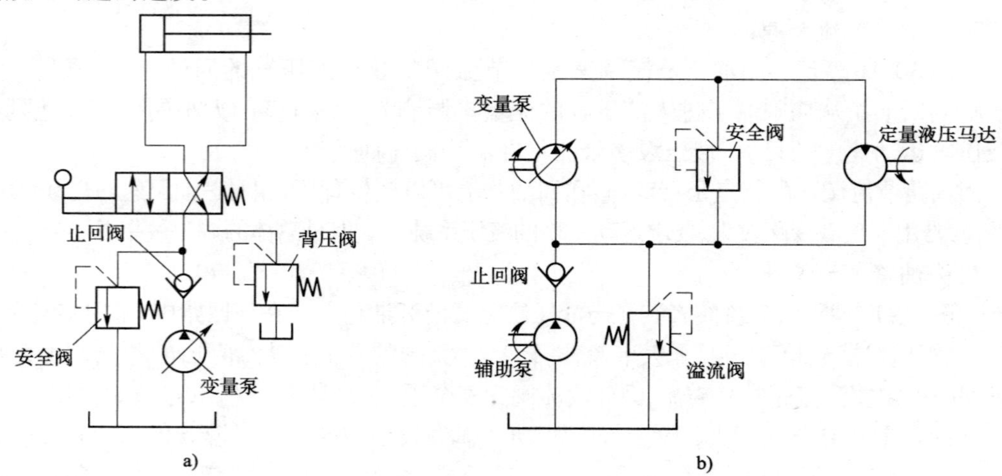

图 30-2　变量泵与定量执行元件形成的容积调速回路

这种回路的调速范围主要取决于变量泵的变量范围，其次受回路的泄漏和负载的影响。它所组成的容积调速回路为恒转矩输出，可正反向实现无级调速，调速范围较大。适用于调速范围较大、要求恒转矩输出的场合。

2）定量泵和变量马达组成的容积调速回路

定量泵与变量马达容积调速回路是通过调节变量马达的排量来实现调速的。可以分为开式回路和闭式回路。如图 30-3 所示。

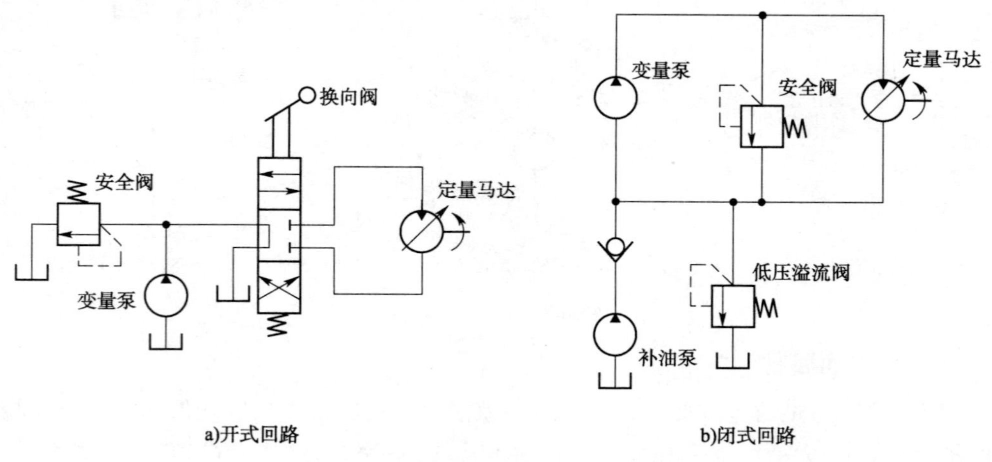

图 30-3　定量泵与变量马达形成的调速回路

这种调速回路称为恒功率调速，由于不能用改变变量马达的排量来实现平稳换向，调速范围较小，因而较少单独使用。

3）变量泵和变量马达组成的容积调速回路

图 30-4 所示为双向变量泵和双向变量马达组成的容积式调速回路，这种调速回路是上述两种调速回路的组合，其调速特性也具有两者之特点。回路中各元件对称布置，改变变量泵的供油方向，就可以实现变量马达的正反向旋转，止回阀 1 和 2 起双向补油作用，单向阀 3 和 4 使溢流阀在两个方向上都能对回路起过载保护作用。

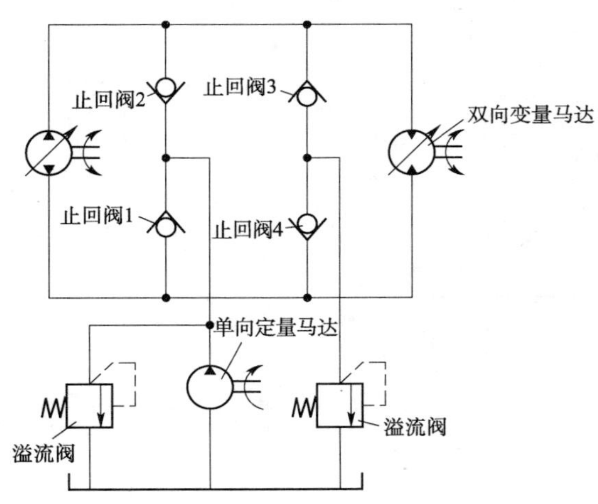

图 30-4　双向变量泵与双向变量马达组成的容积调速回路

这种调速回路的特点是低速时输出转矩较大，高速时输出功率较大。在低速段，先变量将马达排量调到最大，用变量泵调速，当变量泵的排量由小调到最大，变量马达转速随之升高，输出功率线性增大，此时变量马达排量最大，变量马达能获得最大输出转矩，且处于恒转矩状态；高速段，变量泵为最大排量，用变量马达调速，将变量马达排量由大调小，变量马达转速继续升高，输出转矩随之降低，此时变量泵处于最大输出功率状态，故变量马达处于恒功率状态。

这种调速回路中，液压泵和液压马达均可调，因此调速范围大，适用于低速时要求输出大转矩，高速时要求恒功率，且工作效率要求高、调速范围要求大的设备，使用比较广泛。

❸ 容积节流调速

容积节流调速是用变量泵供油，用调速阀或者节流阀调节液压缸的流量，从而实现速度调节的回路。

图 30-5 所示为限压式变量叶片泵和调速阀组成的定压式容积节流调速回路。电磁换向阀左位工作时，压力油经行程阀进入液压缸无杆腔，有杆腔回油，活塞空载右移。这时负载小，系统压力低压变量泵限定压力，泵的流量最大，故活塞快速右移。当活塞杆碰到行程开关时，行程阀通电而进入上位工作，压力油只能经调速阀进入液压缸左腔，活塞以调速阀调节的慢速向右移动，实现慢速工作进给，变量泵因压力增大而自动减小流量。当换向阀右位工作时，液压缸快速退回。

这种回路无溢流、损失小、其效率比节流调速回路高，且调速较稳定、结构简单。这种调速回路常用于空载时需快速、负载时需稳定的,低速的中等功率机械设备的液压系统。目前已经得到了广泛应用。

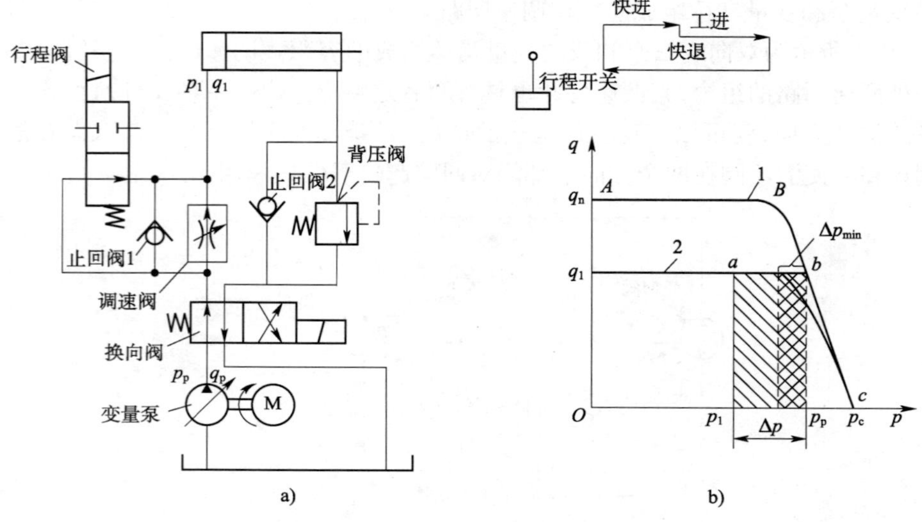

图 30-5　容积节流调速回路

二 任务实施

❶ 准备工作

(1)基本型试验台。

(2)用于搭建回路所用的阀。

(3)电线若干。

(4)手套等劳动防护用品。

❷ 技术要求与注意事项

(1)仔细分析基本回路图,体会回路的作用。

(2)搭建回路时注意油流的流向。

(3)所搭建的回路与所给的油路图进行一一对应检查。

(4)用所搭建的回路进行调速动作,体会调速的作用。

❸ 操作步骤

(1)搭建进油路节流调速回路。仔细识读所给定的系统图,选取节流阀和其他相关的阀件,搭建进油路节流调速回路,调节节流阀开度,观察和体会流量和速度的变化。

(2)搭建回油路节流调速回路。根据给定的系统图,将进油路节流调速回路进行调整,转换为回油路节流调速回路。调节节流阀开度,观察流量和速度的变化。

(3)搭建旁油路节流调速回路。根据回路图,选取节流阀和其他相关阀件,搭建旁油路节流调速回路。调节节流阀开度,观察流量和速度的变化。

(4)比较三种节流调速方式的特点。

比较三种节流调速回路的特点,了解其他的调节方式。

三 学习扩展

为了提高生产效率，执行元件空行程时需要快速动作，这就要求系统流量大而压力低。常见的快速运动回路有以下两种。

1 液压缸差动连接形成快速运动回路

图 30-6 所示为利用液压缸的差动连接形成的快速运动回路。其快速动作过程是：当电磁换向阀 1 的左侧电磁铁 1YA 通电时，电磁换向阀 1 在左位油路工作，液压油进入液压缸的无杆腔，有杆腔的油液被挤出后经过电磁换向阀 2 的左位也进入液压缸的无杆腔，由于无杆腔的活塞受力面积大于有杆腔的活塞受力面积，故活塞快速向右伸出，这时整个系统无回油。如果 3YA 通电，电磁换向阀 2 转为右位工作，则压力油只能进入液压缸无杆腔，液压缸有杆腔的油液经过调速阀回油，这时活塞缓慢向右伸出。当 2YA 和 3YA 同时通电时，压力油经电磁换向阀 1 的右位及止回阀和电磁换向阀 2 的右位进入有杆腔，液压缸无杆腔直接回油，活塞快速退回。

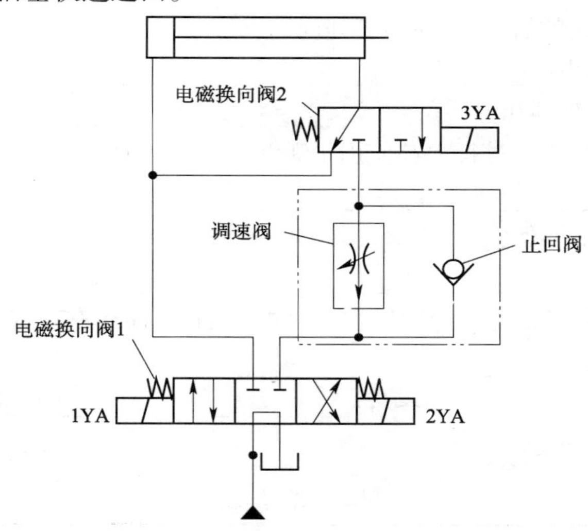

图 30-6　液压缸差动连接形成快速运动回路

2 双泵合流供油形成快速运动回路

图 30-7 所示是采用双泵合流供油形成的快速运动回路。在此回路中，双联泵 1 是高压小流量泵，其流量应略大于最大工进速度所需的流量，其压力由溢流阀来调定；双联泵 2 是低压大流量泵，其流量与双联泵 1 的流量之和应能满足快速动作所需的流量，其工作压力应低于液控顺序阀的调定压力；两泵是双联泵。在系统需要快速运动时，双联泵 2 输出的油液经止回阀与双联泵 1 输出的油液合在一起进入液压缸，实现液压缸快速动作。当液压缸进行工进时，系统压力升高，当压力大于液控顺序阀的调定压力时，液控顺序阀打开，双联泵 2 的油经过液控顺序阀溢流回油箱，双联泵 2 处于低压卸荷状态，这时止回阀关闭，此时系统由双联泵 1 供油。

这种回路的特点是功率利用合理，效率高，并且速度换接较平稳，在快、慢速度相差较大的机床中应用较广泛。其缺点是回路较复杂，成本较高。

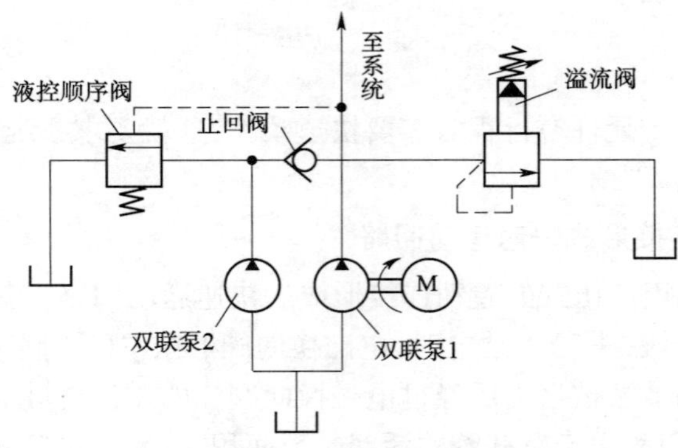

图 30-7　双泵合流供油形成快速运动回路

四 评价与反馈

1 自我评价

(1)通过本学习任务的学习,回答下列问题:

①调速回路有哪些?____。

②容积调速回路有哪几种回路?______________________________。

(2)在完成实训任务的过程中都使用了哪些工具和器材?

____。

(3)任务完成情况如何?

____。

(4)通过本学习任务的学习,你认为自己的知识和技能还有哪些欠缺?

____。

签名:____________　　________年____月____日

2 小组评价(表 30-1)

小 组 评 价 表　　　　表 30-1

序号	评 价 项 目	评 价 情 况
1	着装是否符合要求	
2	是否能合理规范地使用仪器和设备	
3	是否按照安全和规范的流程操作	
4	是否遵守学习、实训场地的规章制度	
5	是否能保持学习、实训场地整洁	
6	团结协作情况	

参与评价的同学签名:____________　　________年____月____日

3 教师评价

____

____。

教师签名:____________　　________年____月____日

五 技能考核标准

根据学生完成实训任务的情况对学习效果进行评价。技能考核标准见表30-2。

技能考核标准表　　表30-2

序号	项目	操作内容	规定分	评分标准	得分
1	搭建调速回路并分析	搭建进油路节流调速回路	30分	正确地搭建了进油路节流调速回路得30分,其他酌情扣分	
2		搭建回油路节流调速回路	30分	正确地搭建了回油路节流调速回路得30分,其他酌情扣分	
3		搭建旁油路节流调速回路	30分	正确地搭建了旁油路节流调速回路得30分,其他酌情扣分	
4		比较三种节流调速方式的特点	10分	正确地列举了三种节流调速回路的特点得10分,不完整酌情扣分	
总分			100分		

参 考 文 献

［1］朱烈舜. 公路工程机械液压与液力传动［M］. 北京. 人民交通出版社,2007.
［2］徐美刚,李雪平. 公路工程机械液压传动［M］. 北京. 中国劳动社会保障出版社,2008.
［3］马先启,王秀林,李磊,等. 现代工程机械液压传动系统构造、原理与故障排除［M］. 北京. 国防工业出版社,2011.
［4］陆望龙. 陆工谈液压维修［M］. 北京. 化学工业出版社,2013.
［5］王晓伟,张青,何芹,等. 工程机械液压和液力系统［M］. 北京. 化学工业出版社,2013.
［6］黄志坚. 液压元件结构与拆装维修［M］. 北京. 化学工业出版社,2013.
［7］王晓燕,陈闽鄂,吴少爽,等. 液压与气动技术［M］. 北京. 化学工业出版社,2014.
［8］陆望龙. 看图学液压维修技能［M］. 北京. 化学工业出版社,2011.
［9］全国职业教育规划教材编审委员会. 液压传动与气动技术［M］. 天津. 南开大学出版社,2014.